Cakesdosen

in ¹/₅ nat. Grösse

No. 66 m. ff. Schliff Mk. 20.—

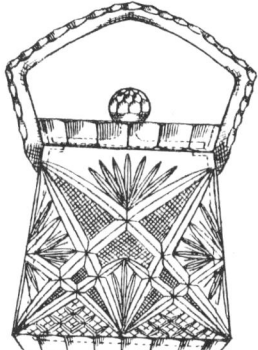

No. 67 m. ff. Schliff Mk. 20.—

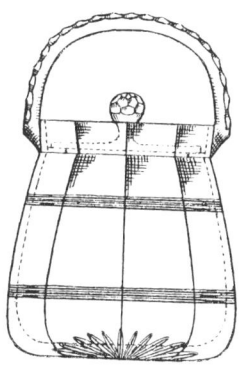

No. 63a m. Reifel Mk. 8.—

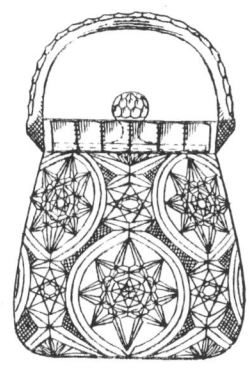

No. 68B m. ff. Schliff Mk. 30.—

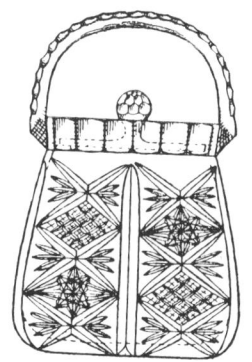

No. 68c m. ff. Schliff Mk. 16.—

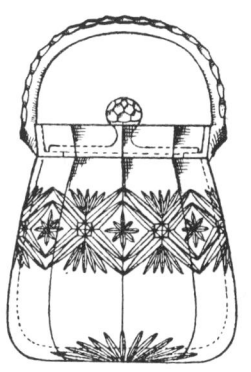

No. 68D m. Schliff Mk. 10.—

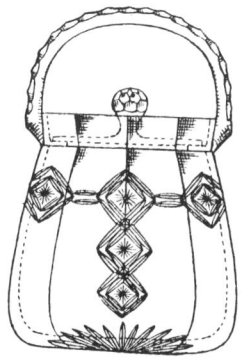

No. 68E m. Schliff Mk. 9.—

No. 91a m. Schliff Mk. 6.—

Alfons Hannes · GLAS AUS DEM BAYERISCHEN WALD

ALFONS HANNES

GLAS
AUS DEM BAYERISCHEN WALD

VERLAG MORSAK

© 1975 · Verlag Morsak oHG, Grafenau
Herstellung der Klischees und Farbreproduktionen, Druck und Bindung:
Buch- und Offsetdruckerei Morsak oHG, 8352 Grafenau
ISBN 3 87553 055 1

Der Glasmacher

INHALT

DOSE MIT-AMORETTEN

ENTWURF - SCH. ERTREITER 1944

Zur Einführung

Der Bayerische Wald hat reizvolle Eigenheiten. Seine Naturschönheit bezaubert, seine Ruhe entspannt und seine gesunde Luft gibt erfrischenden Atem. Diese Voraussetzungen brachten, zusammen mit mancherlei Anstrengungen, einen gut florierenden Fremdenverkehr. Doch die Menschen dieser Landschaft können davon alleine nicht leben. Sie brauchen weitere Erwerbsmöglichkeiten: Landwirtschaft, Handwerk, Handel, Gewerbe und Industrie. Ihre Entwicklung war und ist nicht immer leicht. Zu viele Nachteile trägt der jahrhundertelang vernachlässigte Raum in sich. Ein Gewerbezweig indes, fand im Bayerischen Wald schon vor Jahrhunderten naturgemäße Standort-Voraussetzungen: die Glaserzeugung. Zwischen täglichen Gebrauchsgütern und kulturellen Kostbarkeiten, gelten ihre Produkte als die freundlichsten Sendboten aus dem ostbayerischen Grenzgebiet.

Vielfältig sind die Aspekte des „Bayerwaldglases". Seine Eigenheiten und seine Technik, seine Geschichte und seine Poesie: aber auch seine Probleme will dieses Buch ansprechen. Dabei wird das „Waldglas" eingefügt in die gesamte Glas-Entwicklung; es möchte ihm ein wenig zu seinem gebührenden Platz verhelfen.

Der mit ihrem Glasgewerbe so selbstverständlich lebenden einheimischen Bevölkerung, den vielen Besuchern von Glashütten und Glasveredelungs-Betrieben; dem Zauber schönen Glases, ist dieses Buch zugedacht. Und vor allen den vielen Menschen, die durch Jahrhunderte mit Fleiß, Geschicklichkeit und großer Leistung, die köstlichsten Erzeugnisse des Bayerischen Waldes schufen.

„Glas ist der Erde Stolz und Glück". — Kein Dichterwort ist trefflicher dieser Landschaft und seinen Menschen angemessen.

WEG DURCH DIE JAHRTAUSENDE

Die Geschichte des Glases

„Es ist nicht ganz leicht, sich vorzustellen,
wie das alltägliche Leben der Menschen sein würde,
wenn sie plötzlich dieses Werkstoffes beraubt wären,
der auf so geheimnisvolle Weise
mit dem Licht verwandt zu sein scheint"! (Pius XII.)

URSPRÜNGE UND ALTERTUM

Im Dunkel der Zeit

Die Anfänge der Glasgeschichte bergen trotz ständig wachsender Erkenntnisse noch immer viele Fragen. Technische Einsicht widerlegte zwar längst die im 1. Jahrh. n. Chr. vom römischen Geschichtsschreiber Plinius d. Ä. überlieferte Fabel, phönizische Salpeterhändler hätten voreinst am Strande des östlichen Mittelmeeres ihre Feuerstellen im Flußsand mit Sodablöcken abgegrenzt, wodurch beides zu Glas verschmolz. Man weiß, daß diese einfache Feuerhitze nie die notwendige Temperatur zur Glasschmelze erbringen könnte. Immerhin aber verweist die Legende sowohl auf die Rohstoffe des Glases, als auch auf seine Ursprungsgebiete: den vorderen Orient und das nordöstliche Afrika. Bei den dortigen Völkern finden sich schon sehr früh Kenntnisse der Keramik und des Glasierens. Der Schritt zur Erfindung des Glases war daher vorgegeben, wenn auch vielerorts unabhängig voneinander begangen. Wann er genau getan wurde, bleibt wohl stets im geschichtlichen Dunkel. Mit ziemlicher Sicherheit indes läßt sich sagen: Die „Glaserfinder" waren die Ägypter.

Das alte Glas

Etwa 4000 Jahre v. Chr. entstand das älteste Glasstück der Welt: eine grünlich gefärbte Perle, gefunden in einem Grabe bei Theben, der großen Nekropolis Oberägyptens. Auch das älteste, bekannte Hohlglas stammt aus Ägypten; nämlich aus dem Königsgrab von Thutmosis III. (1502–1448), der zu den mächtigsten und tatkräftigsten Pharaonen des Nillandes zählte. In der Staatlichen Sammlung Ägyptischer Kunst in München wird das kleine Gefäß aufbewahrt: ein 8,1 cm hoher Lotoskelchbecher aus türkisfarbenem, opakem Glas mit dunkelblauen und gelben Fadenauflagen, modelliert über einen Tonkern.

Die Glasherstellung vollzog sich damals mit dem Auftragen von teigartiger Paste über konische Spindel, die dem Gefäß seine lichte Weite gaben. Das Material wurde in Tonhafen vermengt und in Gruben geschmolzen, zumeist als Fritte in mehreren Schmelzvorgängen. Keilschrifttafeln um 1700 v. Chr. aus Babylonien überlieferten die ältesten Glasrezepte. Die ersten Ofenbauschilderungen, Heizungsanweisungen und Arbeitsvorschriften finden sich auf den Tontafeln der Bibliothek des Assyrerkönigs Assurbanipal (668–625), wobei als Glasrezept ausgewiesen werden 60 Teile Sand; 180 Teile Asche aus Meerespflanzen; 5 Teile Salpeter und 3 Teile Kreide.

Trotz relativ einfacher, zum Teil fast primitiver Schmelz- und Herstellungstechniken, erbrachte die antike Glaskunst großartige Leistungen. Farbloses Glas war zwar unbekannt, aber in kräftigen Farbkombinationen fertigte man nicht nur Phiolen, Krater, Amphoren und sonstige Gefäße, sondern auch Dekorations-Elemente, wie Kugeln, Säulen und Mosaiken. Glas hatte höchsten Schmuckcharakter und war Edelmetallen und -Steinen gleichgesetzt.

Glas und Gold

Der sicherste Hinweis, daß man Glas in alten Zeiten schätzte wie Gold, findet sich in der Bibel. Schon im Alten Testament sagt im 4. Jh. v. Chr. das Buch Job (Hiob) in Kapitel 28, Vers 17, bei der Frage nach dem Werte der verborgenen Weisheit: „Kein Gold kommt ihr gleich, kein geläutertes Glas . . ."

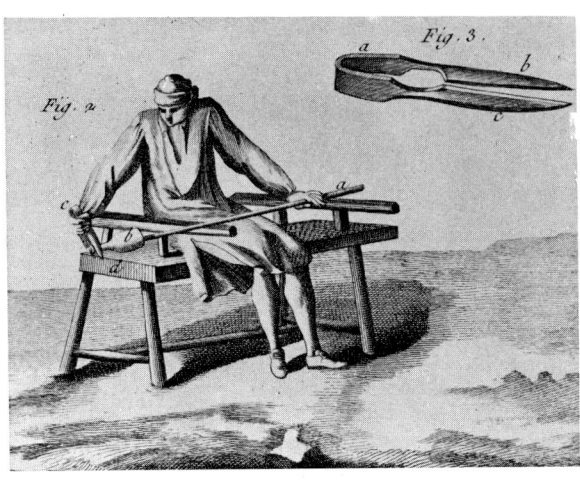

geändert. Die Erfindung der Glasmacherpfeife in Sidon brachte das geblasene Glas. Der Glasmacher war nun imstande mit seinem Atem Gefäße in beliebigen Variationen zu formen. Von Syrien aus verbreitete sich die neue Technik sehr bald in alle Mittelmeerländer. Sie gab den ersten Anstoß, Glas vom reinen Luxusgut allmählich zum gehobenen Gebrauchsgegenstand werden zu lassen.

Römisches Glas

Von Alexandria aus, das in den letzten Jahrhunderten vor Christi sehr stark zum Zentrum der ägyptischen Luxusglasherstellung wurde, entwickelte sich nach der Zeitenwende die Glaskunst der Römer. Ihre Anfänge waren noch stark von der Edelsteinnachahmung geprägt, so daß Plinius d. Ä. in der Anwendung von Glas noch Beispiele „unerhörter Verschwendung" sah. Die fortgeschrittene Glastechnik brachte aber eine starke Blüte der römischen Glaskunst, die schließlich auch in die Kolonien des Weltreiches wirkte. Mit dessen Verfall war in der 2. Jahrtausendhälfte auch ein Niedergang der Glaskunst verbunden. Lediglich die kleine Glashütte in Altare, in den ligurischen Alpen erlangte noch im 7. Jahrhundert besondere Berühmtheit. Ihre Glasmacher mußten pflichtgemäß in die Welt hinaus um nach einiger Zeit wieder zurückzukommen. Ostrom und Byzanz haben die Glastradition weitergeführt, an antike Vorbilder angeknüpft und das islamische Glas zu besonderer Höhe gebracht.

Und in der Geheimen Offenbarung, dem letzten Buch des Neuen Testaments, schreibt der Apostel Johannes als Verbannter auf der Insel Patmos um 90 n. Chr. in Kapitel 21, Vers 18, bei der Charakterisierung Jerusalems: „Der Bau ihrer Mauer war aus Jaspis; die Stadt aber war lauteres Gold, gleich reinem Glase". Im gleichen Kapitel wiederholt er in Vers 21 denselben Vergleich: „Die zwölf Tore sind wie Perlen, jedes einzelne Tor aus einer einzigen Perle. Der Platz der Stadt ist lauteres Gold, durchsichtig wie Glas".

Wendepunkt: Glasmacherpfeife

Jahrtausende hindurch war die Glasmacherei auf plastisch formende Gestaltungsmöglichkeiten beschränkt; da kam die große Wandlung.

Ein dünnes Metallrohr hat kurz vor der Zeitenwende die Technik der Glasherstellung grundlegend

Die Glas-Verbreitung

Sehr früh haben vielerlei Verflechtungen aus den Ursprungsgebieten des Glases, dessen Verbreitung in alle Richtungen gefördert. Dem Osten zu entwickelte sich über die islamischen Länder, sowohl in

Indien, als auch in China eine eigenständige Glasfertigung. Im Westen hatte die politische Ausstrahlung des römischen Weltreiches mit ihren wirtschaftlichen Folgen auch das Glasgewerbe weithin etabliert. Es setzte sich fest in Spanien, Gallien und Germanien. Die Hohlglaserzeugung weitete sich aus.

Tafelglas und Malerei

Von praktischen wie künstlerischen Aspekten nachhaltig bestimmt, verbreitete sich vom oströmischen Reiche aus die Fensterverglasung über Europa. Im Jahre 440 erhielt die Hagia Sophia von Konstantinopel die ersten Glasfenster. Flachglas und seine Bemalung eröffneten der Architektur neuartige Möglichkeiten. Schon im 7. Jahrhundert hatte das Kloster Sankt Gallen unter seinen Handwerkern Glasarbeiter aufgeführt und von ihnen seine Gebäulichkeiten mit Glasfenstern versehen lassen. Den stärksten Aufschwung in der Verglasung und Bemalung von Fenstern erlebte Frankreich. Gegen Ende des 10. Jahrhunderts vermerkte der Mönch Theophilus Presbyter in einer grundlegenden Beschreibung der Glasmalerei, auf diesem Gebiete seien „die Franzosen am Geschicktesten". Zu einer Hochblüte hierin führte das 13. Jahrhundert. Die Kathedralen von Chartres und Bourges erinnern noch heute daran.

Aber auch im übrigen Europa erreichten Fensterverglasung und Malerei bedeutende Höhepunkte; so in Canterbury, Kremsmünster und Prag. Deutschland bekam seine ersten Glasfenster im 8. Jahrhundert bei den Klosterbauten von Fulda und im Dom zu Aachen. Die noch erhaltenen ältesten deutschen Glasfenster befinden sich im Augsburger Dom. Sie entstanden um 1130.

In einer mittelalterlichen Glashütte

15

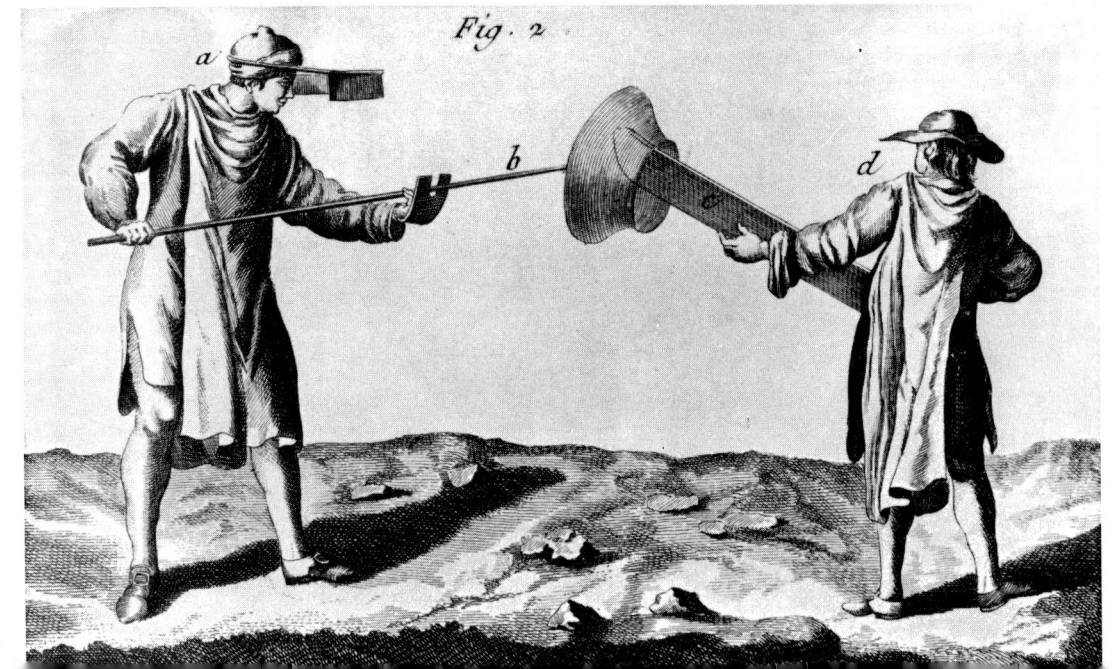

Glas-
Tierkreiszeichen
aus dem Bayerwald
(1975)

DIE VENEZIANISCHE GLASKUNST

Geheimnisvolles Gewerbe

Eine Sonderstellung in der Geschichte des Glases hat die Glaskunst von Venedig. Ihr Ausgangspunkt gründet in der künstlerischen Atmosphäre, dem sprühenden Gewerbegeist und den hervorragenden Verkehrsverbindungen der Lagunenstadt. Kreuzzüge und vielfältiger Handel verbanden im Mittelalter Venedig mit den Ursprungsländern der Glasherstellung. Die Vorkommen von verwendbarem Lagunensand und notwendiger Alkali-Pflanzen waren günstige Voraussetzungen für das Glasgewerbe, dessen Anfänge in das 11. Jahrhundert zurückführen. Im 13. Jahrhundert kannte es schon feste Gesetzes-Regelungen und im Jahre 1268 wurde bei der Prozession zum Amtsantritt des Dogen Lorenzo Tiepelo bereits die Teilnahme der Glasmacher-Innung erwähnt. Wie geheimnisvoll die Glaskunst gehütet und die Monopolstellung ausgebaut wurde, zeigt ein Edikt von 1275, das die Ausfuhr von Sand, Alaun und Glasfragmenten verbot.

Neben Geheimhaltungsgründen, waren es vor allem Ängste vor Feuersgefahr, die im Jahre 1291 durch Gesetz alle venezianischen Glashütten auf die Insel Murano verwiesen. So konzentrierte man auf engstem Raum alle Glasmacher, denen viele Privilegien und ein bemerkenswerter, gesellschaftlicher Rang zugestanden wurde. Allerdings wurde das für die Lagunen-Republik höchst einträgliche Gewerbe schärfstens überwacht. Qualitäts-Dekrete verhingen bei unberechtigten Nachahmungen und betrügeri-schen Preisen hohe Strafen. Für die Glasmacher gab es ein strenges Auswanderungs-Verbot.

Düster mischen sich zuweilen Wahrheit und Legende um das Bild des entflohenen Glasmachers von Murano. Sicher ist, daß ihm stets harte Maßnahmen drohten, da die Geheimhaltung eines der obersten Prinzipien der venezianischen Glasmacherei war. Eine Matrikel von 1454 legte die Maßregeln der Innung gegen geflüchtete Glasarbeiter fest. Zunächst wurde er eindringlich zur Rückkehr gemahnt, wobei man ihm volle Verzeihung und Beschäftigung in staatlichen Hütten in Aussicht stellte. Kam er daraufhin nicht zurück, so wurden nahe Verwandte von ihm ins Gefängnis geworfen. War auch das ohne Nutzen, dann schickte man ihm einen gedungenen Mörder nach. Der Dolch im Glasmacher-Rücken erfüllte unerbittlich seinen Zweck. Zwei Fälle von dieserart angeordnetem Mord sind in venezianischen Archiven erwähnt. Zweifelsohne wurden aber viel mehr Glasmacher zu Opfern dieser drakonischen Maßregel, die bis Mitte des 18. Jahrhunderts bestand.

Meisterhafte Hütten-Technik

Am Beginn der venezianischen Glasmacherei stand, wie auch in den Anfängen anderer Glasgebiete, die Herstellung von Glasperlen. „Paternostri" nannte man die ersten Meister, deren gläserne Kügelchen nicht nur zu funkelnden Export-Artikeln in ferne Länder, sondern auch zu bunten Rosenkränzen der frommen Venezianer selber wurden. Ausdruck und Gestaltung wandelten das venezianische Glas allerdings sehr schnell. Die Millefiori-Technik der antiken Glasmacherei wurde ebenso wiederentdeckt, wie neuartige und formenüppige Filigran-, Bänder-, Netz- und Fadengläser entstanden.

Den großen Ruf des venezianischen Glases begründete seine reinweiße Schmelze. Daneben stand die hervorragende hüttentechnische Bearbeitung.

Formgebung und Dekor hat der venezianische Glasmacher durch Anlegen, Einfügen, Aufsetzen, Modellieren und Verschmelzen weitgehendst miteinander verbunden. Die nichthüttenmäßige Veredelung kam aus dem Diamantriß und der Malerei, insbesonders mit Emaill-Techniken. Große Leistungen entwickelten die Venezianer auch in der Kronleuchter-Fertigung, die farbenfroh und formenreich zu erstaunlichen Dimensionen bei Hängelüstern führte. Ein Monopol schließlich hielt Murano über lange Zeiten hinweg in der Kristall-Spiegel-Erzeugung. Vor allem die großartigen Glas-Fassungen mit ornamentaler, floraler und figürlicher Dekoration brachte den venezianischen Spiegeln durch Jahrhunderte weltweiten Ruhm. Ungewöhnliche Vielfalt und größte Kunstfertigkeit führten das Glasgewerbe Venedigs zu überragender Bedeutung. Seine Höchstleistungen fielen in die erste Hälfte des 16. Jahrhunderts, als im Aufschwung aller Künste die Renaissance ihre prächtigste Blüte entfaltete.

Abstieg und Wiedergeburt

Fast gleichzeitig mit dem Untergang der Republik Venedig im Jahre 1797 begann ein schneller und steiler Abstieg der Glaskunst von Murano. Die Glasmacher-Innung löste sich auf; Öfen wurden gelöscht und nur wenige Hütten erzeugten noch qualitätsarmes Gebrauchsglas und Glasperlen. Eine große Tradition schien plötzlich gebrochen.

Da versuchte im Jahre 1840 Lorenzo Radi nach Jahrzehnten des Tiefstandes die venezianische Glaskunst wieder zu beleben. Erfolgreich entwickelte er eine neuartige Mosaik-Erzeugung und langsam flackerten die stillgelegten Hütten von Murano wieder auf. Schließlich brachte 1859 Antonio Salviati mit der Wiedererweckung alter, venezianischer Techniken, neuen Schwung und kräftige Impulse. Sie wurden wirtschaftlich aus dem Ausland verstärkt; allerdings

so zielstrebig, daß Salviati 1877 von englischen Besitzern aus den von ihm aufgebauten Werkstätten hinausgedrängt wurde. Mit Lorenzo Radi zusammen gelang es ihm aber eine neue Hütte auf Murano zu errichten. Und nacheinander entstanden plötzlich wieder Hütten und Werkstätten in wachsender Zahl. Rasch entwickelte sich auch die Leistungsfähigkeit nach Quantität und Qualität. Der traditionelle Ruf förderte die Exportchancen und aus den großen Möglichkeiten des Direkt-Absatzes durch den enormen Tourismus in der Lagunenstadt, wuchs eine neue Renaissance der venezianischen Glaskunst. Die große Tradition wurde erfolgreich erneuert.

Mustergültige Demonstration

Eng verbunden mit der Wiederbelebung der venezianischen Glaskunst ist die Errichtung des Glasmuseums von Murano. Die Initiative hierzu erging vom Priester Vincenco Zanetti, der 1861 zu sammeln und aufzubauen begann, was an historischen Relikten vom alten Glasgewerbe noch vorhanden und erreichbar war. Ein Museum entstand, das die private Glas-Sammlung Teodore Correr stark bereicherte. Sehr bald wurde daran eine Zeichenschule gegliedert, die der wiederentdeckten Glaskunst zusätzliche Impulse vermittelte. Glasforscher wie Cechetti und Santi vertieften die Kenntnisse über die Vergangenheit des bedeutsamen Gewerbes und erweckten damit weiteren Eifer zur neuen Glas-Renaissance Muranos. „Il Museo Vetrario di Murano" gibt auf diese Weise seit mehr als hundert Jahren dem Glasgewerbe Venedigs Anregungen und Unterstützung. Was als bescheidenes Unterfangen begann, stellt sich heute als einzigartige Sammlung des Glases, von der Antike über die Neuzeit zur Moderne dar.

Die Gläser mit ihrer Form- und Farbenfreudigkeit aus der historischen Blüte Venedigs sind im Glasmuseum Muranos anonym. Meisterwerke der Wiederbelebungs-Ära der Muraneser Glaskunst aber sind personifiziert. Zu Recht werden die Künstler und Glasmacher namentlich erwähnt. So sind Pietro Bigaglia mit wundervollen Farbgläsern von 1840 und Lorenzo Radi mit kräftig marmorierten Gefäßen von 1861 vertreten. Einen Riesen-Pokal, Flügelgläser und Glasplastiken schuf 1864 Fratello Toso. Leuchtkräftige Krösel-Flaschen von Francesko Ferro entstanden zwischen 1875 und 1880. Von Antonio Salviati sind großartige Schalen aus der Zeit um 1866 zu sehen. Die Firma Barovier, noch heute eine der größten Glashütten Muranos, zeigt schließlich die vortreffliche Nachbildung antiker Gläser. Eindrucksvoll erweist sich auf diese Art, wie zeitgenössische Erzeugnisse zur Entstehungszeit des Museums, nach wenigen Jahrzehnten den Hauptcharakter der ausgezeichneten Sammlung prägen.

Die „Facon de Venise" galt jahrhundertelang in aller Welt als Leitmotiv der erstrebenswerten Glaskunst. Eine werkgerechte und künstlerische Leistung von bestem Format, fand darin die verdiente Anerkennung. Venezianisches Glas, war in seinem leuchtendem Farben-Spektrum ebenso unübertroffen, wie in der Eleganz der Linie und Transparenz des Materials. Als seine große Tradition kurzfristig erlosch, vermochten fortschrittliche Kräfte sehr bald eine Erneuerung vorzunehmen.

Glasofen aus dem Werk von Georg Agricola:
„De re metallica"; Basel, 1556

Formen der
Glasfach-
Schule
Zwiesel
(1975)

DAS GLASGEWERBE IN DEUTSCHLAND

Kelten und Römer

Seit 1955 die Römisch-Germanische Kommission des Deutschen Archäologischen Instituts aus Frankfurt, mit der Erforschung der Keltenstadt Manching bei Ingolstadt begann, ist man der wohl ältesten Glaserzeugungsstätte Deutschlands auf der Spur. Die bei den Ausgrabungen zutage getretenen Glasschmuckstücke — Perlen, Bänder und Reifen — verweisen auf das Bestehen einer Glashütte in dieser Großsiedlung der Kelten etwa 100 Jahre vor der Zeitenwende. Bisher ging man davon aus, daß die Römer das Glasgewerbe in ihre Kolonien exportierten und auf diese Weise in den rheinischen Gebieten um Köln im 1. und 2. Jahr. nach Christi, die ersten deutschen Glashütten entstanden. Dort tauchen bis in die jüngste Zeit herein immer wieder Glasfunde auf, die höchsten Respekt vor den großartigen Leistungen der damaligen Glaskunst erheischen. Zu den kostbarsten Gläsern zählen dabei die sogenannten Diatrete; glockenförmige Becher, die durch Stegen mit einem freischwebendem Netzwerk umhüllt sind. 1971 wurde ein vollständig erhaltenes Paar gläserner Schuhe der Antike entdeckt. Das Rheinland hatte also bereits in der Römerzeit eine hochentwickelte und vielseitige Glaskunst.

Glasanfänge im Schrifttum

Wesentlichen Einfluß in der Begründung des deutschen Glasgewerbes hatten zweifelsohne Geistliche und Mönche. Sie waren es auch, die darüber erste schriftliche Zeugnisse hinterließen. Der im Jahre 856 verstorbene Mainzer Erzbischof Rhabanus Maurus, überlieferte in seiner Bilderhandschrift über Handwerk und Gewerbe „De Originibus Rerum" die erste zeichnerische Darstellung der Glasmacherei; wenn auch technisch ziemlich unzutreffend. Eine ausführliche und sachkundige Schrift über die Glasherstellung in Mitteleuropa veröffentlichte gegen Ende des 10. Jhrh. der weitgereiste Mönch Theophilis Presbyter in seinem Werk: „Schedula Diversarum Artium". Er sprach von der „kostbaren Buntheit bayerischer Fenster", und dem „Gießen von besonders schön gefärbtem Glas in Frankreich". Der nordböhmische Pfarrer Johannes Mathesius aus Joachimsthal widmete in seiner 1562 in Nürnberg erschienenen „Serepta oder Bergpostille" über die verschiedenen Zweige des Bergbaues, seine 15. Predigt den Glasmachern und ihrer Arbeit.

Wertvolle Hinweise zum seinerzeitigen Stand der europäischen Glastechnik gab der schwedische Mönch Peder Mansson, als er von 1508 bis 1524 in Rom Schriften des praktischen Wissens zusammenfaßte. Und der Florentiner Priester Antonio Neri veröffentlichte 1612 das grundlegende Werk der Glastheorie: „L'arte Vetraria". Erstmals waren hierin Angaben über die Glasgeheimnisse der Venezianer zu finden.

Den ersten Versuch einer geschlossenen, wissenschaftlichen Darstellung der Glasmacherkunst, unternahm der deutsche Humanist und Begründer der neuen Metallurgie und Mineralogie, Georg Agricola (1494—1555), der in Joachimsthal als Arzt das Berg- und Hüttenwesen kennenlernte. In Basel erschien 1556 sein Werk: „De re metallica —, Zwölf Bücher vom Berg- und Hüttenwesen", deren letzter Band die Glasmacherei behandelte. Hierin wird die bekannteste und einprägsamste Darstellung eines alten Glasofens gegeben.

Im Jahre 1679 erschien in Deutschland das Werk: „Ars vitraria experimentalis, oder Vollkommene

Glasmacherkunst", als eine schriftstellerische Zusammenfassung des glastechnischen Wissens der damaligen Zeit. Es war aufgebaut auf alle bisherigen Glaspublikationen und insbesonders eine den deutschen Verhältnissen angepaßte Übersetzung des Werkes von Antonio Neri. Herausgeber und Autor war Johann Kunckel, um 1637 bei Plön geborener Sproß einer Glasmeisterfamilie. Der gelernte Apotheker trat 1679 in den Dienst des Großen Kurfürsten von Brandenburg und übernahm nacheinander die Leitung dessen verschiedener Glashütten. Auf der Pfaueninsel in Potsdam führte er das Gold- und Kupferrubin, unter Verwendung einer Zusammensetzung des Hamburger Chemikers Dr. Andreas Cassius, in die Glasfabrikation ein. Er wurde für seine vielseitigen Leistungen 1693 als „Kunckel von Löwenstern" in den Adelsstand erhoben und starb auf einer Reise am 20. März 1703. Sein Buch aber wurde zum ersten Standardwerk der Glastechnologie.

Die Waldglashütten

Als frühe Pflegestätte von Glasherstellung und -Malerei wirkte das oberbayerische Kloster Tegernsee. Es hat in einem Tal bei Kreuth schon im 10. Jahrhundert eine Glashütte betrieben und heute noch erinnert daran an der Straße zum Achensee ein Ort gleichen Namens. Der älteste archivalische Nachweis ist ein Dankschreiben des Abtes Goßbert aus dem Jahre 999 an den Grafen Arno von Vohburg, für die Stiftung der „gemalten, neuen Fenster" die im Kloster selbst gefertigt wurden.

Das Ende der römischen Kolonialzeit und ein allgemeiner Rückgang der europäischen Hohlglasfertigung, führt auch zu einer Stagnation des deutschen Glasgewerbes. Eine zunächst quantitative Ausweitung erfuhr es wieder ab dem 14. Jahrhundert mit dem vermehrten Entstehen der Waldglashütten. In den großen Wäldern der Mittelgebirgslandschaften

lagen günstige Voraussetzungen für Glashütten. Der Holzreichtum bot sich für Feuerung und Aschenbrand zur Gewinnung des Rohstoffes Pottasche zwangsläufig an. Allerdings mußte schon früh gewissen Verwüstungen Einhalt geboten werden. So hat Ludwig IV. von Bayern bereits 1340 die Stillegung von Hütten im Nürnberger Reichswald verordnet.

Dennoch blieben die Waldgegenden naturgemäße Standräume für das Glasgewerbe. Überall entwikkelten sich Hütten: im Thüringer Wald, in Bayerischen- und Böhmerwald, im Fichtelgebirge, im Iser- und Riesengebirge, in Hessen und im Spessart. Dort gab es bereits im Jahre 1406 eine Arbeitsordnung, die sich 40 Glasmacher gegeben haben. Als ältestes Dokument dieser Art verfügt die „Spessarter Glasserordnung" folgende Hauptpunkte:

„Alljährlich soll nur von Ostern bis zum St. Martinstag (11. Nov.) Glas gemacht werden.
Ein Meister darf mit seinem Knecht täglich nicht mehr als 200 Kuttrolfe oder 300 Becher herstellen.
Der zweite Knecht, vor dem kleinen Loch, soll täglich höchstens 100 Kuttrolfe oder 175 Becher machen.
Die Tagesproduktion an Fensterglas soll täglich nicht mehr als 6 Zentner Kleinglas oder 4 Zentner Großglas betragen.
Jede Hütte darf nur einen Streckofen für Fensterglas besitzen.
Fachkenntnisse dürfen nur an Glasmachersöhne weitergegeben werden, wobei diese die Arbeitsordnung anerkennen müssen.
Kein auswärtiger Knecht darf angenommen werden, wenn er nicht auf die Arbeitsordnung schwört.
Ein Lehrling soll täglich drei Stunden an einem oder zwei Gläsern lernen; was er darüber hinaus anfertigt ist zu vernichten, oder es geht von der dem Meister zugebilligten Zahl ab.
alljährlich am Pfingstmontag treten die Glasmacher zusammen um Streitfälle aus der Zunftordnung zu verhandeln."

Das Glasgewerbe im Spessart besaß auf diese Weise schon frühzeitig ein festes Reglement. Doch auch die Waldglashütten anderer Gebiete hatten bald ähnliche Ordnungen. Zur bedeutendsten Zunft entwickelte sich der Hessische Gläsnerbund, dem 1557 mehr als 200 Glasmacher angehörten.

In den Waldglashütten wurde sowohl Tafelglas, als auch Hohlglas produziert. Typisch für beides war eine Grünfärbung von unterschiedlicher Intensität, die von der mehr oder minder großen Eisenoxidhaltigkeit der Rohstoffe bestimmt wurde. An Hohlglasformen erzeugte man Becher, Humpen, Stangen- und Passgläser, die vielfach mit Fäden, Warzen und Nuppen verziert waren. Mit breitem Fuß und aufgesetzten Verzierungen wurde der „Römer" als Rheinweinglas aus dem Nuppenbecher oder Krautstrunk entwickelt. Eine originale Hüttenarbeit war der Kuttrolf als Flasche mit mehrfach gedrehtem Hals.

Glas-Dekoration

Neben der hüttentechnischen Verarbeitung gehen auch die Kenntnisse in der dekorativen Bearbeitung des Glases weit zurück. Schon die frühe ägyptische Glaskunst kannte die Veredelung durch Malerei und Schnitt. In Deutschland begann diese Art der Hohlglas-Dekoration im 15. Jhrh. Die freie Reichsstadt Nürnberg war es, die sowohl in der Malerei, als auch im Glasschnitt eine dominierende Rolle spielte. Der Glasmaler Johann Schaper setzte hier im Jahre 1655 den Auftakt zur großen Epoche der Schwarzlot-Malerei und die Glasschneider-Familie Schwanhardt legte gleichzeitig den Grundstein zum bedeutenden Nürnberger Glasschnitt. Georg Schwanhardt d. Ä. hatte seine Kunst von Caspar Lehmann aus Prag mitgebracht, der dort 1588 am Hof Kaiser Rudolf II. die deutsch-böhmische Glasgravur begründete. Bedeutende Glasschneider arbeiteten bald in anderen Glasgegenden des Reiches, so Franz Gondelach in Hessen und Gottfried Spiller in Potsdam. Großartige Spitzenleistungen schuf Dominikus Bimann (1800—1857) mit seinen Portraits, die er in Prag und den böhmischen Badeorten auf Glas gravierte.

Die Hohlglas-Malerei fand in Österreich mit Johann Josef Mildner, Gutenbrunn (1764—1808) und Anton Kothgasser, Wien (1769—1851) herausragende Vertreter; in Dresden war es Samuel Mohn (1761—1815) und zum kongenialen Erfinder in der Glasdekoration wurde schließlich Friederich Egermann (1777—1964) im nordböhmischen Haida. Er entdeckte 1808 das Achatglas; erfand 1817 eine neue Art von Kristallglas-Mattschliff, 1819 ein Marmorglas, 1820 die vergessen gewesene Gelbbeize und ließ sich 1828 das durch Mischen mehrfarbiger Glasflüsse entstehende „Lithyalinglas" patentieren. Seine Kupfer-Lasur, mit der er auf billige Weise das Goldrubin-Glas äußerlich ersetzte, dient heute noch als dunkelrote Grundierung der beliebten „Egermann-Gravuren".

Das 19. Jahrhundert brachte durch die von Friedrich Siemens im Jahre 1861 eingeführte Regenerativ-Feuerung in den Ofenbau, den entscheidenden Wendepunkt in der Glastechnologie. Die Voraussetzungen zur industriellen Glasfertigung waren damit gegeben. An künstlerischer Qualität in der Hohlglaserzeugung hat es auch in der Folgezeit Höhepunkte gegeben. Daß genau hundert Jahre nach der heizungstechnischen Wandlung des Glasgewerbes, die Einführung der vollautomatischen Kelchglasfertigung einen neuen Wendepunkt setzte, ist sicher nur ein Zufall. Für die gestaltenden Kräfte in den traditionellen Mundblashütten aber war es auch ein Signal.

Böhmische Lithographien (um 1830)

DIE GLASINDUSTRIE VON HEUTE

Wirtschaftliche Bedeutung

Die Glasherstellung im 20. Jahrhundert ist von einer außerordentlichen Vielfalt. Flachglas und Behälterglas; Haushalts-, Wirtschafts-, Kristall- und Zierglas, sowie zahllose Sondergläser und Glasprodukte für alle Lebensbereiche werden erzeugt. In der Rangfolge der größten Glashersteller der Welt, nimmt Westdeutschland, nach den USA und England, den dritten Platz ein. Innerhalb des gesamten Produktions-Volumens der Bundesrepublik bilden die Glaserzeuger freilich eine kleine Gruppe. Ihr Anteil an den Industriebeschäftigten lag 1969 bei 1,11 Prozent, während vom gesamtindustriellen Umsatz 0,86 Prozent auf die Glasindustrie entfiel. Die überdurchschnittliche Arbeitsintensität findet hierin ihren Ausdruck, obzwar sich da schon ein leichter Wandel bemerkbar macht.

Innerhalb der gesamten Volkswirtschaft liegt die Hauptbedeutung des Glases in seiner vielseitigen und häufigen Verwendung. Mit inländischen Rohstoffen von relativer Billigkeit werden durch fachliches Können und hochentwickelter Technologie erhebliche Produktionswerte geschaffen. Zwar ist die deutsche Glasindustrie, von Schleswig Holstein bis Baden-Württemberg und Ostbayern, über die ganze Bundesrepublik verteilt. Regional indessen ist sie sehr unterschiedlich strukturiert. Während in Nordrhein-Westfalen die vollautomatisch produzierende Behälter- und Flachglasindustrie vorherrscht, dominieren in Bayern noch immer die traditionellen Mundblashütten.

Entwicklung nach 1945

Mit dem allgemeinen Wirtschaftsaufschwung und ständig wachsendem Verbrauch nahm die deutsche Glasindustrie nach dem zweiten Weltkrieg eine außerordentlich expansive Entwicklung. Die Zahl der Gesamtbeschäftigten stieg von 44 000 im Jahre 1950 auf 95 000 im Jahre 1970. Etwa ein Viertel davon entfiel auf weibliche Arbeitskräfte, allerdings mit einem unterdurchschnittlichen Anteil in den maschinellen Produktionsbereichen auf Grund der dort üblichen Schichtarbeit. Stark verändert hat sich die Beschäftigten-Struktur im Verhältnis zwischen Angestellten und Arbeitern. Während im Jahre 1950 auf einen Angestellten 8,2 gewerbliche Arbeitnehmer fielen, waren es 1960 noch 7,16 und 1970 nur mehr 4,9. Die Arbeitsintensität und die vorherrschenden manuellen Tätigkeiten in der Glasindustrie werden auch hierin wieder deutlich, nachdem das Verhältnis zwischen Angestellten und Arbeitern in der westdeutschen Gesamtindustrie 1970 bereits 1 zu 1,3 betrug.

Die Umsatzentwicklung der Glasindustrie in der Bundesrepublik führte von einer halben Milliarde im Jahre 1950, auf 5,7 Mrd. DM im Jahre 1973. Von diesem letzten Umsatz-Volumen hatten die Erzeuger von Kristall- und Bleikristallglas in 50 Unternehmungen mit ca. 20 000 Beschäftigten, einen Anteil von 547 169 000,— DM. Mit einer Ausfuhr von etwa je einem Drittel in die EG-Länder, den USA und die übrige Welt, betrug davon die Exportquote 35 Prozent. Diese wiederum schwankte zwischen 18 Prozent bei mundgeblasenem Kristallglas bis zu 65 Prozent bei gepreßtem und maschinell hergestelltem Bleikristall. Ein Schwerpunkt auf dem Weltmarkt des Glases ist damit gekennzeichnet.

Rationalisierung und Mechanisierung

Der Prozeß des allgemeinen Bedarfswandels bei allen Produkten der Wirtschaft, erfordert ständig betriebliche Umstellungen, Veränderungen und Neugruppierungen; aber auch Stillegungen von Abteilungen und Werken. Die hochleistungsfähige Industrie-Gesellschaft zwingt die Betriebe zu Produktionsabgrenzung, Sortimentsbereinigung und Konzentration. Der Trend zur größeren Wirtschaftseinheit ist unverkennbar, Kooperation zwischen Produzenten und Fusionen von Unternehmungen sind die zwangsläufige Folge.

Auch in der Glasindustrie drängte der Massenkonsum unserer Verbrauchsgesellschaft in die Massenproduktion und damit zur Maschine. Seit Jahrzehnten bereits vollzog sich die Mechanisierung und Rationalisierung der Glashütten. Aus der traditionellen Glasmacherei führte die Entwicklung zur industriellen Fertigung: Vom Aschofen zum Kühlband; den Eintragbuben und gleichzeitigen Lehrlingen, zu den Frauen am Eintragband; dem Formenhalter zu den Tretkästen. Verbesserte Werkzeuge brachten erhöhten Ausstoß, aber auch den einseitig spezialisierten Akkordarbeiter.

Rationalisierung und Mechanisierung in der Glasindustrie schreiten selbstverständlich weiter. Stiel- und Bodenpressen, Sprengautomaten und Schleifmaschinen ermöglichten bislang schon gestiegene Produktionsziffern bei komplizierten Formen und dennoch bester Qualität. Ihre technische Fortentwicklung und noch höhere Ergiebigkeit sind abzusehen. Mittlere Glasfabriken haben darin ihre Chancen; vor allem wenn sie es verstehen, sich mit marktgerechten Formen gehobenen Verbraucher-Ansprüchen anzupassen.

Kelchgläser aus dem Bayerischen Wald:
„mundgeblasen und handgeschliffen"

Zeitalter der Automation

Seit der Erfindung der automatischen Flaschenblas-
maschine durch den Amerikaner Michael Owens um
1900, ist die maschinelle Fertigung in der Wirt-
schafts- und Verpackungsglasindustrie unentwegt
auf dem Vormarsch. Der Einzug der Automation in
die Kristallglaserzeugung war nur eine logische Fol-
geerscheinung. In der Mitte des 20. Jhrh. kam das
automatisch gefertigte Kelchglas. Wenn auch gewisse
Nahtstellen an den automatisierten Produktions-
Straßen noch von Menschenhänden überbrückt werden, so ist es nur eine Frage von kurzer Zeit, bis
es so perfekte Glasautomaten gibt, die vom Einfüllen der Rohstoffe bis zur Lagerung, versandfertige
Kelchgläser ausstoßen. Glaswerke mit den Möglichkeiten hohen Kapitaleinsatzes haben in der Automation ihre große Chance.

Von dieser technologischen Entwicklung bestimmt,
ändern sich zwangsläufig auch die Betriebs-Struk-
turen in der westdeutschen Glasindustrie. Während
sich die hierin Beschäftigten von 1967 bis 1970 um
insgesamt 5519 Personen vermehrten, hat sich die
Anzahl der Betriebe im gleichen Zeitraum um 60
verringert. Die Beschäftigten-Zunahme wiederum erfolgte weitgehendst in den Betrieben mit mehr als
1000 Arbeitnehmern, die ihren Anteil damit an allen
Glasindustrie-Beschäftigten von 37,9 Prozent im
Jahre 1967 auf 42 Prozent im Jahre 1970 steigerten.
Das Anwachsen größerer Wirtschaftseinheiten ist für
die Glasindustrie unverkennbar.

Auch die Produktionsraten haben sich zwischen
mundgeblasenem und maschinell erzeugtem Haus-
halts- und Wirtschaftsglas, einschließlich Kelchglas
unter 18 Prozent Bleigehalt, von 61,7 Prozent im
Jahre 1962 auf 69,6 Prozent im Jahre 1968 verändert. Hier liegt der Anteil der Maschinenproduktion
schon weit über 75 Prozent und bis zum Jahr 1980
dürfte dieser auf neun Zehntel der gesamten Glaserzeugung dieses Sektors ansteigen.

Zukunft der Handglasfertigung

Angesichts der sich ständig fortentwickelnden Ma-
schinenglas-Produktion stellt sich die Frage: Was
bleibt den vielen Mundblashütten übrig, wenn sie
nicht, was allein aus Kapitalgründen niemals möglich
sein wird, in die maschinelle Fertigung einsteigen?
Gewiß können sie konjunkturelle Schwankungen,
infolge ihrer kleineren Anlagen mit geringeren Fix-
kosten, leichter überwinden. Großerzeuger mit ihren
kostspieligen Automaten-Straßen sind mehr auf
Kapazitäts-Auslastung angewiesen. Das Massenpro-
dukt aber, gibt für die Zukunft der Handglasfertigung keine Chance. Diese wird auf neue Wege ge-
zwungen.

Nun haben sich anpassungsfähige Unternehmungen zu allen Zeiten behauptet. Auch zukünftig wird
die Maschine Marktlücken offenlassen, die sie auf
Grund ihres Produktionsumfanges nie zu schließen
vermag. Der Wunsch nach individuellem Glas, dem
eine ansteigende Käuferschicht zuwächst, eröffnete
seit geraumer Zeit vielfache Möglichkeiten der Spe-
zialisierung und Anwendung von Sondertechniken.
Kleine, aber wertvolle Serien, die sich der Maschinenfertigung entziehen; Freihandarbeiten als Unikat-
Erzeugnisse; Geschenkartikel mit persönlicher Note
bleiben mit Sicherheit immer gefragt. Aber auch das
vollhandwerklich erzeugte Kristallglas, dessen Form
und Dekor sich den wandelnden Trink- und Feste-
sitten ebenso, wie den Wohn- und Ausstattungs-
Ansprüchen anpaßt, wird allzeit gesucht sein.

Die Zukunft der Handglasfertigung, die Chancen
der Mundblashütten in unserer volltechnisierten Zeit:
sie liegen im jahrtausendealten Zauber der Glaskunst.

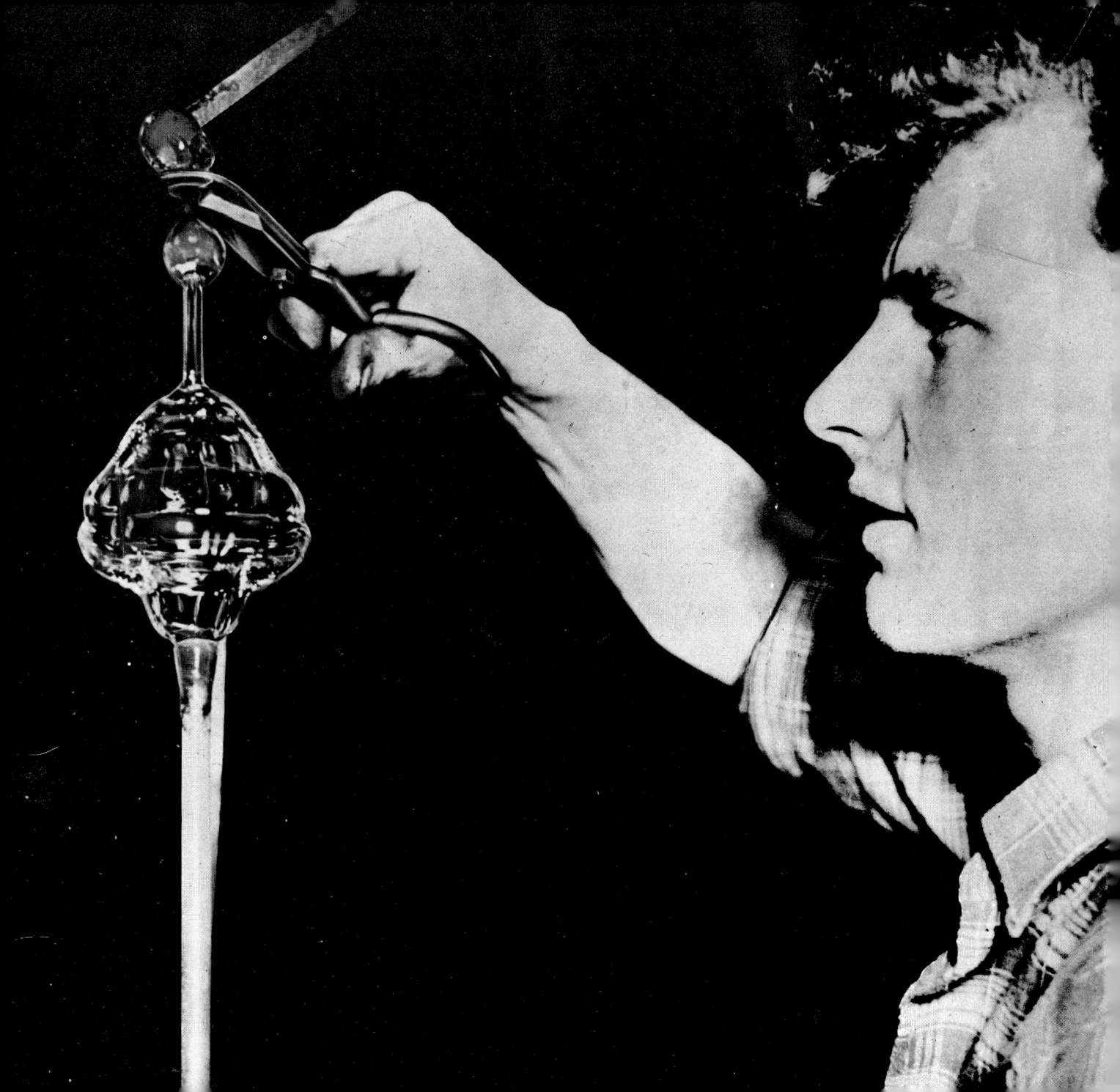

RÄTSEL IN LICHT UND FARBE

Der Werkstoff Glas

DIE TECHNISCHEN GRUNDLAGEN

Begriff und Eigenschaften

Glas ist ein wundervoller Stoff! Rätselerfüllt und kristallklar zugleich; technischer Helfer in großer Vielfalt und beglückende Materie kulturellen Daseins. Ein vielseitiges Element unserer Zeit und eine ständig begehrte Köstlichkeit durch vergangene Jahrtausende.

Es gibt natürliches Glas; Obsidian beispielsweise, ein in vulkanischer Schmelze erstarrter Stoff, der in vielen Teilen der Welt gefunden wird. Und als im Dezember 1972 die Apollo-Astronauten Eugene Cernan und Harrison Schmitt orangefarbigen Mondboden zur Erde brachten, teilten die Wissenschaftler der amerikanischen Raumfahrtbehörde mit, daß es sich bei dem Material zu 90 Prozent um pulverförmiges Glas handelte.

Doch was die Menschheit herkömmlich und fast ausschließlich unter dem Begriff „Glas" kennt, ist eine homogene Masse von amorpher Struktur. Sie ist im Gegensatz zum kristallinen Körper von ungegliedertem Aufbau.

Glas kennt keinen festen Schmelzpunkt. Dieser variiert je nach Zusammensetzung des Rohstoff-Gemenges, dessen Hauptbestandteile aus Silikaten und Alkalien bestehen. Bei hohen Temperaturen ist Glas dünnflüssig wie Wasser. Kühlt es unter den Schmelzpunkt seiner Bestandteile ab, so wird es zum festen Körper. Insoweit ist Glas eine unterkühlte Flüssigkeit.

Glas ist lichtdurchlässig. Seine Flüssigkeits-Struktur bewirkt die Transparenz. Je reiner und farbloser Glas ist, umso höher ist seine Durchsichtigkeit.

Durch Zusammensetzung und Form des Glases lassen sich Lichtdurchlässigkeit, Lichtbrechung und Lichtstreuung in beliebiger Weise steuern.

Glas ist leicht zerbrechlich. Es ist auch einem starken Temperatur-Schock in der Regel nicht gewachsen. Von starker Hitzebeständigkeit sind nur bestimmte technische und feuerfeste Gläser mit besonderer Zusammensetzung.

Glas besitzt eine schlechte Leitfähigkeit für Wärme und Elektrizität. Es wirkt isolierend. Seine chemische Widerstandsfähigkeit ist hingegen sehr groß. Nur Flußsäure vermag es nachhaltig anzugreifen. Geringe Wärmeausdehnung und hohe Hitzebeständigkeit haben die „Borsilikatgläser", bei denen Kieselsäure durch Borsäure ersetzt ist.

Eine amerikanische Definition sagt: „Glas ist ein organisches Schmelzprodukt, das abgekühlt und erstarrt ist, ohne zu kristallisieren". Wissenschaftliche Neuentdeckungen werden die Erkenntnis über die Strukturen des Glases sicher ständig ändern und erweitern.

Arten des Glases

Glas ist der älteste künstlich hergestellte Werkstoff. Seine Anwendungsbereiche umfassen alle Gebiete des Lebens. Mit den zahlreichen Möglichkeiten unterschiedlicher Gemengezusammensetzungen lassen sich heutzutage die vielseitigsten Spezialwünsche erfüllen. Zwischen der einfachen Verbindung von Sand und Soda im leicht löslichen Wasserglas, das zur Farb- und Klebstofferzeugung sowie sonstiger Zwecke der Technik dient, bis hin zum erst bei 1700 Grad schmelzbaren, reinen Kieselglas (Quarzglas) mit seiner Verwendung in der Weltraumoptik, liegt eine bunte Palette der Arten des Glases. Hohl- und Kristallglas, Wirtschafts-, Verpackungs-, Flach- und Geräteglas, Glasgespinst, Glasröhren, Glasbausteine und Spiegelscheiben — unendlich lang wäre die Liste

aller Gegenstände aus Glas, die beim Stand unserer Zivilisation heute der Menschheit dienen. Und nur erahnen lassen sich die Möglichkeiten, die mit beschleunigter Technik dem Werkstoff Glas weiterhin zuwachsen.

Die einzelnen Arten des Glases haben je nach Verwendungszweck unterschiedliche Zusammensetzungen in ihrem Rohstoff-Gemenge. Stammglasbildner ist in der Regel Kieselsäure mit ihrem hohen Schmelzpunkt. Flußmittel mit beträchtlichem Herabsetzen des Gemenge-Schmelzpunktes sind die Alkalien Soda und Pottasche; sie fördern die „Verflüssigung". Als Stabilisator dient der Kalk, von dem das Glas Härte, Haltbarkeit und Glanz erhält. Den speziellen Verwendungszwecken der einzelnen Glasarten angemessen sind die weiteren Gemengezusätze. Für die Hohlglaserzeugung unterscheiden sich folgende Arten:

DAS NATRONGLAS. Neben seiner vielfachen Verwendung in der Flaschen- und Verpackungsindustrie findet es sich in der Hohlglaserzeugung bei der Fertigung von Massenartikel, an deren Farbreinheit keine besonders hohen Ansprüche gestellt werden. Das einfache Wirtschaftsglas ist meistens Soda-Kalkglas; so bezeichnet, weil überwiegend die billigere Soda dem Stammglasbildner Quarz im Gemenge beigegeben ist.

DAS KALIGLAS ist die am meisten verwendete Art von Hohlglas mit Qualitätsanspruch. Bei ihm wird dem Silikat Quarzsand, als Alkali die wertvollere Pottasche beigefügt; der Soda-Anteil bleibt geringer. Kaliglas findet mit entsprechenden Gemenge-Zusätzen als „Kristallglas" in der gesamten Fertigung von anspruchsvollem Hohlglas Verwendung.

DAS BLEIGLAS kennt man als wertvollste Form für hochqualitative Hohlgläser und Luxusgegenstände unter dem Namen „Bleikristall". Seinem Gemengesatz ist ein hoher Anteil von Bleioxid in Form von roter Bleimennige beigesetzt. Reine Rohstoffe sind bei Bleikristall besonders wichtig. Bleiglas hat ein

starkes Gewicht, einen vollen Klang und eine besonders hohe Lichtbrechung. Seinen Hochglanz erhält es in veredelter Form mit der Säurepolitur. Bislang erfolgte die Schmelze vom Bleiglas nur in Hafenöfen; seit den siebziger Jahren kennt man sie auch in Wannenöfen.

Qualitäts-Bestimmung

Eine deutliche Abgrenzung der handelsüblichen Hohlglasarten nehmen innerhalb der europäischen Gemeinschaft genaue Richtlinien vor. Ihr Ziel ist es, die Verbraucher vor Täuschungen zu schützen und innerhalb der einzelnen Mitgliedstaaten einen Wettbewerb zu gewährleisten, den keine unterschiedlichen Bezeichnungen und Definitionen verzerren. Für die Bundesrepublik Deutschland ist dies im „Kristallglaskennzeichnungsgesetz" vom 25. Juni 1971 festgelegt; im übrigen als erste Richtlinie der Angleichung technischer Normen für gewerbliche Erzeugnisse innerhalb der EG. Danach haben die Glasgruppen bestimmte chemische und physikalische Eigenschaften aufzuweisen, die nach genau vorgeschriebenen Methoden zu bestimmen sind. Für die einzelnen Glaserzeugnisse sind dabei folgende Bezeichnungen und Symbole zulässig:
„Hochbleikristall 30 Prozent" — ein Glas das mindestens 30 von Hundert Bleioxid enthält und eine Dichte von mindestens 3,00 hat.
„Bleikristall 24 Prozent" — ein Glas das mindestens 24 von Hundert Bleioxid enthält und eine Dichte von mindestens 2,90 hat.
Für beide Glasarten dürfen als zusätzliches Symbol ein rundes, goldfarbenes Etikett mit einer Seitenlänge von mindestens 1 cm verwendet werden.
„Preßbleikristall" — ein der Herstellung nach „gepreßtes" Glas, das mindestens 18 von Hundert Bleioxid enthält und eine Dichte von mindestens 2,70 hat.

Die für Kristallglas bisher nicht festgelegte Zusammensetzung in seinen Rohstoffen, wurde durch das „Kristallglaskennzeichnungsgesetz" ebenfalls näher präzisiert. Sofern ein Glaserzeugnis in den Ländern der Europäischen Gemeinschaft mit diesem Namen gekennzeichnet sein will, muß es folgende Voraussetzungen erfüllen:
„Kristallglas" — ein Glas das entweder Bleioxid, Bariumoxid, Kaliumoxid oder Zinkoxid allein oder zusammen in Höhe von mindestens 10 von Hundert enthält.
Als Symbol darf für Kristallglas ein silberfarbenes Etikett verwendet werden, das je nach physikalischer Dichte, Berechnungszahl und Oberflächenhärte die Form eines Quadrats oder Dreiecks von mindestens 1 cm Seitenlänge haben muß.
Zur Kennzeichnung der Glaserzeugnisse selbst, wird im übrigen durch das Gesetz niemand verpflichtet. Wenn sie aber von einem Produzenten oder Händler vorgenommen wird, dann sind die Bestimmungen des Gesetzes zu beachten. Das gilt auch für die Aussagen bei der Werbung. Der Verbraucher wird also auch weiterhin nicht auf jedem Glasprodukt eine Kennzeichnung vorfinden. Wenn er aber ein etikettiertes Glas als „Bleikristall" oder „Kristallglas" erwirbt, dann ist ihm in der vorgeschriebenen Form auch die Qualität gewährleistet.

Die Rohstoffe

Der Hauptanteil des Glases ist QUARZSAND. Als Kieselsäure geht er fast vollständig in die geschmolzene Masse ein. Verwendbar sind nur feinkörnige, reinweiße Edelsande, die möglichst frei von Verunreinigungen sind. Quarz wird als Edelsand bezeichnet, wenn er mindestens 98 Prozent Kieselsäure (Siliciumdioxid) enthält. Vorkommen solch reiner „Kristallsande" finden sich in Deutschland häufig. (Weser-, Elbe-Gebiet; Kölner Bucht, Sachsen usw.).

Der Schmelzpunkt für Quarz liegt zwischen 1700 und 1800 Grad. Bei der normalen Schmelztemperatur von etwa 1450 Grad im Glasofen also viel zu hoch, weshalb zur Verflüssigung der Glasmasse sogenannte „Flußmittel" zugesetzt werden müssen. Das Silikat Quarz braucht in der Glasschmelze als notwendige Ergänzung Alkalien.

Wichtigstes Flußmittel für die Glasmasse ist SODA mit seinem Schmelzpunkt von 853 Grad. Es bringt etwa sechs Zehntel seiner eingelegten Menge als Natriumoxid in das Glas. Neben kristallisierten Naturvorkommen in Natron-Seen Afrikas, Amerikas usw. wird Soda seit etwa 200 Jahren industriell hergestellt. Der Franzose Nicolaus Leblanc entwickelte im ausgehenden 18. Jahrhundert das erste chemische Großverfahren des Industriezeitalters; seine Erfindung begründete überall Sodafabriken, in Deutschland erstmals 1843 bei Magdeburg. Im Jahre 1863 stellte der Belgier Ernest Solvay ein wirtschaftlicheres Sodaverfahren vor, das billiger und reiner im Produkt, bis heute Verwendung findet. Die gegenwärtige Glasfabrikation verbraucht etwa 40 Prozent der gesamten Weltproduktion von Soda.

Dem qualitativen Kristallglas dient als Flußmittel anstelle bzw. zum teilweisen Ersatz von Soda, die POTTASCHE. Ihr Schmelzpunkt liegt bei 884 Grad. Sie bringt etwa 68 Prozent ihrer eingelegten Menge als Kaliumoxid in das Glas, während der Rest als Kohlensäuregas flüchtig geht. Pottasche wurde früher durch Auslaugen von Holz- und Pflanzenaschen gewonnen; seit etwa 100 Jahren wird Mineral-Pottasche aus Kalilauge hergestellt.

KALK ist der Stabilisator für das gewöhnliche Glas. Es gibt ihm Härte, Glanz und Haltbarkeit. Sein Schmelzpunkt liegt allein bei 2500 Grad. In das Glas bringt er 56 Prozent seiner eingelegten Menge ein. Kalk gibt es als Naturprodukt in vielen Gegenden Deutschlands und in mehreren Formen: Kalkspat, Kalkstein, Marmor usw. Für die Glaserzeugung erfordert er einen gereinigten und gemahlenen Zustand.

MENNIGE liefert den wichtigsten Zusatz in der Erschmelzung von Bleikristall. Sie ersetzt bei dieser Glasart den Kalk und verleiht ihr zugleich hohen Glanz und starkes Gewicht. Chemisch ist Mennige ein sauerstoffreiches, rotes Bleioxid, so wie es auch als isolierende Schutzfarbe Verwendung findet. In das Glasgemenge wird es je nach gewünschter Qualität des Bleikristalls bis zu 34 Prozent in pulverisierter Form eingeführt.

Nach der Zusammensetzung seiner Rohstoffe unterliegt jedes Glas in bestimmten Farbrichtungen einer leichten Tönung. Um reinweißes Glas zu erhalten muß daher jede Schmelze mit gegensätzlichen Zusätzen ENTFÄRBT werden. Die früher übliche „Glasmacherseife" Braunstein ist heute weitgehend ersetzt durch Nickeloxid, Kobaltoxid und Selenverbindungen.

Farbiges Glas

Neben dem stets erstrebten reinweißen Glas, gab und gibt es auch immer den Wunsch nach farbigen Gläsern. Einmal sind sie für mancherlei technische Zwecke unerläßlich und zum anderen erfreuen sie mit ihrer Buntheit. Die gewünschten Farben werden durch Zusätze von Metalloxiden oder -salzen im Glasgemenge herbeigeführt. Dabei lassen sich natürlich durch zahlreiche Kombinationsmöglichkeiten mit Färbungsmitteln und Mengen die vielfältigen Farbschattierungen und Nuancen erreichen. Auch heute ist es noch eine Frage der Feinfühligkeit in der Schmelze, besonders leuchtkräftige und charakteristische Farbtönungen herauszuholen.

Die wichtigsten Farbzusätze sind für:
Blaues Glas: Kobaltverbindungen
Violettes Glas: Nickel- und Manganverbindungen
Grünes Glas: Eisen- und Chromverbindungen
Gelbes Glas: Silber-, Kohle- und Schwefelverbindungen

Rotes Glas: Kupfer-, Selen- u. Goldverbindungen. Das opake Farbglas ist in seiner ganzen Masse gefärbt, während das farbige Überfangglas farbloses Glas einschließt. Trübgläser haben ihre Weißgrundmasse mit tonerde- und fluorhaltigen Stoffen durchsetzt, wie Kryolith und Flußspat. Früher verwandte man dafür Zinnoxid und Knochenasche.

Gemenge-Komposition

Die Zusammensetzung der verschiedenen Glasarten ist längst kein Geheimnis mehr. Schon früh in der Glasgeschichte wurden allgemeine Rezepte veröffentlicht; genaue Gemenge-Sätze freilich kennt erst die jüngere, glastechnische Literatur. Und ein paar Eigenheiten haben selbst heute noch die traditionellen Mundblashütten in ihrer Gemenge-Komposition. Im übrigen hat sich in der Grundzusammenstellung der Glasschmelze nicht sehr viel verändert. So gab es in der Poschinger'schen Glashütte von Frauenau im Jahre 1712 nachstehende Rezepte, die im Frauenauer Glasmuseum als älteste Originale dieser Art aufbewahrt werden:

Rodtes Glas

Erst: in ainen tigl ein Khupfer gestossen hinein getan mit Ein Eisen abgerierdt darnach ein Rodiges Eisen hinein getan. Und eine Stundt stehen lassen darnach wider abgerirth und hernach ausgefaimbt und geschwenckht der Prainstain mueß Preperiert werden.

Mirnchnien (Moosgrün):

Sant	13 Pfund 21 lott
Salliter	3 Pfund 11 lott
Fluß	7 Pfund
Khalch	5 Pfund 12 lott
schön gebrenntes und	
Graisper (Grünspan)	2 lott
gepuchtes Khupfer	2 lott

Gelbes Glas:

Khalch, ausgebrennten	10 Pfund 21 lett
Fluß	14 Pfund
Unkalzinierten Fluß	3 Pfund
Sant	30 Pfund
Kholn	1 Pfund

aber die miessen glarstossen werden und laug und Khalch angemengt und wan man zuricht mueß mans auch gleich in trog mit der laug abmengen.

Ao 1712 den 15. Febr. seindt dise Materien in nammen gottes widerumb auf ein Neyes zusamben geschriben worden. Johannes Carl Poschinger.

Der Glasschmelzer von Flanitzhütte notierte sich um 1900 folgende Mischungen: für die Tafelglasfertigung:

Weises Brillenglas:

9 Centner Sand
96 Pfund Potasche
2 Centner 40 Pfund Soda
1 Centner 92 Pfund Kalck
6 Hände voll Holzkohle
60 Gram Universalentfärbung
15 Gram Nieckeloxyd

Spiegelglas:

1 Centner 50 Pfund Sand
50 Pfund Soda
14 Pfund Salz
34 Pfund Kalck
1/2 Liter Kocs

Die Schmelz-Rezepte von zwei Bayerwald-Glashütten im Jahre 1975 lauten:

Kristallglas:

Quarzsand	100	kg
Pottasche	18	kg
Soda	14	kg
Kalk	14	kg
Baryt	9,5	kg
Kali-Salpeter	7	kg
Mennige	6	kg
Borax	2,8	kg
Arsenik	0,7	kg

Bleikristallglas: (24 Prozent PbO)

Quarzsand	100	kg

Mennige	44	kg
Pottasche	27	kg
Soda	5	kg
Borax	3	kg
Kali-Salpeter	5	kg
Arsenik	1	kg

Das in den Glashütten wohlgehütete Schmelzer-Büchlein der Vergangenheit, wurde in der Neuzeit von glastechnischen Publikationen abgelöst. Dennoch unterscheiden sich die Gemengesätze in Nuancen immer noch von Hütte zu Hütte. Besonders bei der Schmelze von Farbgläsern gibt es charakteristische Merkmale, die den zeitlosen Zauber der Glaskunst stets neu unterstreichen. So wie es gegen Ende des 19. Jahrhunderts die präzise Anweisung eines der renommiertesten Glasunternehmen des Böhmerwaldes festlegte:

WILHELM KRALIK SOHN
k. u. k. priv. Glasfabriken in Eleonorenhain
und Ernstbrunn
Glassatz für Granatrubin
55 kg Sand
17 kg Mennige
1 kg Salpeter Natron
3 kg Kalkspat
15 kg Potasche
7 kg Soda

„Nehmen Sie um DM 20,— reines Gold in Königswasser gelösst (200 Gramm Königswasser) dann lösen Sie in Wasser 2 kg Borax und giessen das gelösste Gold den gelössten Borax bei, lassen Sie dann diesen gelössten Borax mit Gold in einer Dampfschale bei gelinden Feuer verdampfen, bis es eine dicke Masse ist, das Gold ist dann unter den Borax gut vermischt und kann sich nicht leicht während der Schmelze ausscheiden. Diese Boraxkruste lassen Sie gut pulverisieren und durch ein feines Sieb gehen.
Ferner kaufen Sie bei Herrn
Poulenc Freres, Paris 92 Rue Vreile du Temple
folgende Oxjd oder Farbe genannt.

Rouge rubis pour coulorer une masse der verre plombifere. Diese Farbe kostet 1 kg Frs. 200,—. Davon nehmen Sie 200 Gram mischen es den pulverisierten Goldborax bei, aber gut mischen, nun nehmen Sie dieses Pulver und mischen es gut unter den Sand dann die anderen Materialien beimischen und lassen es abschmelzen, wie ein gewöhnliches Kristallglas, wenn es blank ist, lassen Sie es einmal blasen, damit die Farbe nicht am Hafenboden sitzen bleibt, probieren Sie beim Blanksein ein Kölbchen, nach Erkalten halten Sie dasselbe ins Feuer, es läuft rot an, dann ist die Schmelze gelungen. Sollte es nicht anlaufen, so nehmen Sie 50 Gramm Pariser Farbe unter einen Esslöffel voll Gemenge und oben auf das geschmolzene Glas auflegen, wenn dieses geschmolzen ist, dann lassen Sie es nochmals mit einen Kartoffel blasen. Wenn einmal der Hafen angefärbt ist, dann braucht es kein Nachfärben mehr. Die Abfallscherben nehmen Sie immer unter das nächste Gemenge. Die folgenden Schmelzen fallen besser wie die erste Schmelze aus. Auch können Sie erst in einen kleinen Tigel ungefähr 10 kg haltend, eine Probe machen.
Wenn Sie Pressglas davon machen, so können Sie dasselbe an den Hefteisen anlaufen lassen, halb oder ganz, je nach Belieben. Hohlglas dagegen läuft während der Arbeit ganz rot an, außerdem Sie müssen das Glas in einer Hitze aufblasen nicht 2 mal einwärmen, beim Fertigmachen kann es nach Belieben angefärbt werden. Es ist ein dankbares Glas und Sie werden sehen, daß es Ihnen convenirt. Sie können Granat auch zu Überfang verwenden.
Wenn Sie Nachfärben müssen, muss Obacht herrschen, damit die Farbe oben auf den Glas nicht zu lange liegen bleibt, dieselbe könnte bei zu starkem Feuer ganz und gar verbrennen. Wenn die Farbe niedergeschmolzen ist, dann blasen lassen".

Als weitere Gemenge-Sätze wurde in Eleonorenhain notiert:

I den 15 April 1905

½ Gemenge

50 Pf Sand
12 Pf 20 Lth Potasche
25 Lth Knochen
35 Pf 12 Lth Minium
25 Lth Antimonoxid
10 Pf Knochenbrandstein
1 Pf Eisenoxid
1 Loth Nickel
3 Lth Kieserich
1 Messerspitze Kobald
Selen ½ Messerspitze

¼ Gemenge

25 Pfund Sand
6 Pf 10 Loth Potasche
12 ¼ Loth Knochen
17 Pf 22 Lth Minium
12 ¼ Lth Antimonoxid
5 Pfund Knochenbrandstein
½ Pf Eisenoxid
½ Loth Nickel
1½ Lth Kieserich
½ Messerspitze Kobald
Selen ¼ Messerspitze

sehr oft
blasen lassen
mehr als gewöhnlich

II Citronengelb Uebersetzung

36 Pf Minium
18 Pf Sand
40 Pf weisse Scherben
3 Pf doppt chroms Kali.
30 Lth Antimonoxid
10 Lth phosphat Kalk

gut blasen
lassen !

!

Topas

Die gewöhnlichen Topas
wird auch ein Gemenge
Pf Kalk, mehr ist kann
20 Pf Kalk gegeben werden
u 14 Lth phos-Kalk
sehr gut mischen

41

Etwa 46 der 100 bekannten chemischen Elemente werden in unterschiedlicher Häufigkeit als Glasbildner, Flußmittel, Stabilisatoren und Farbsubstanzen zum Erschmelzen der vielfachen Glasarten verwendet. Es versteht sich von selbst, daß sie stets in reinem Zustand in das Gemenge eingebracht werden müssen. Ihrem Anteil am ganzen Glassatz entsprechend werden sie abgewogen und je nach technischer Eigenart des Hüttenbetriebes, in Trögen, Trommeln und Mischmaschinen homogen vermengt. Bei richtiger Mischung und Zusammenstellung sind sie dann einlagefertiges Gemenge. Soweit ein längerer Transport zum Schmelzofen oder durch Silo-Vorlagerung die Gefahr des „Entmischens" besteht, wird das fertige Gemenge mit leichtem Wassergehalt befeuchtet.

DIE SCHMELZE DES GLASES

Schmelzvorgang beim Hafen-Ofen

Nach Arbeitsschluß der Glasmacher werden zunächst alle Öffnungen des Ofens geschlossen und die um 1150 Grad stehende Arbeitstemperatur durch verstärkte Feuerung kräftig angehoben. Der Schmelzer und seine Gehilfen bringen inzwischen das fertige Gemenge tragend oder fahrend auf die Ofenbühne. Ebenso als notwendigen Zusatz, sauber gereinigte Glasabfälle aus der laufenden Produktion in Form von zerkleinerten Scherben. Sie werden je nach Glasanspruch und Empfinden des Schmelzers, mengenmäßig zwischen 30 und 50 Prozent der Schmelzmasse zugesetzt.

Nach einer erreichten Ofen-Temperatur von etwa 1380—1400 Grad erfolgt das erste Einlegen von Gemenge und Scherben in die Häfen durch manuelles Einschaufeln oder Einfüllen mit Kipp-Behältern, die über Gleitschienen an die Ofen-Löcher gebracht werden, bzw. Einlege-Vorrichtungen mit Gebläse. Da Gemenge und Scherben volumenmäßig das geschmolzene Glas beträchtlich übertreffen, müssen zum Er-

Ausgangspunkt der Erzeugung

Glas entsteht, indem sich seine verschiedenen Rohstoffe unter hoher Temperatur-Einwirkung miteinander verbinden und die solcherart geschmolzene Masse wieder abkühlend ohne Kristallisation erstarrt. Die richtige Zusammenstellung und Schmelze der Rohstoffe ist demnach Ausgangspunkt jeder Glasherstellung. Sie beginnt mit der Festlegung des Gemenge-Satzes. Das ist die nach gewünschter Glasart in entsprechendem Verhältnis aufeinander abgestimmte Zusammenstellung der Rohstoffe.

42

schmelzen eines vollen Hafens mehrere Einlagen gemacht werden. Ihre zeitlichen Abstände richten sich danach, wie der Schmelzer feststellen kann, daß die vorherige Einlage keine unaufgelösten Sandkörner mehr zeigt.

Der Schmelzvorgang erfordert sehr viel Wärme. Seine notwendigen Temperaturen liegen zwischen 1430 und 1490 Grad, je nach der Zusammensetzung des Gemenges. So schmilzt beispielsweise Bleikristall eher als Kaliglas. Die volle Schmelzreaktion des Gemenges liegt zwischen 1400 und 1500 Grad. Durch die unterschiedlichen Schmelzpunkte der einzelnen Rohstoffe erwirken sie gegenseitig eine Veränderung ihres in Dünnflüssigkeit übergehenden Zustandes. Grundsätzlich unterscheiden sich zwei Schmelzvorgänge:

Rauh- und Feinschmelze

Sie entläßt zunächst die Feuchtigkeit aus dem Gemenge und greift mit den leicht schmelzbaren Flußmitteln Soda und Pottasche, die schwerer schmelzenden Bestandteile des Sandes an. Hierauf kommt es erst zur eigentlichen Glasbildung. Ungelöste Bestandteile dürfen sich nicht mehr im Schmelzfluß befinden; das Glas muß sandfrei sein. Bis zu diesem Stadium müssen die einzelnen Einlagen zur vollen Auffüllung des Hafens erfolgen.

Das noch ungleichmäßige, zähe und blasendurchsetzte Glas wird durch nochmalige Temperatursteigerung zur Dünnflüssigkeit gebracht. Hierbei ergibt sich bereits im Endstadium mit der Blasen-Befreiung die „Läuterung des Glases". Sie wird ausgelöst durch einen leichten Zusatz von Arsenik und Salpeterverbindungen, oder Natriumsulfat; entweder schon in Pulverform beim Gemenge oder in einem kleinen Stück, das in den Schmelzfluß geworfen zum Boden absinkt und von hier aus mit kräftigen Verdampfungen das Glas „LÄUTERT". Auf diese Weise wird

Gemenge-Einlegen: Der Glasschmelzer Wolfgang Rothe aus Osterhofen

das Glas zum Abschluß homogen und von Blasen befreit. Beide Zusätze bewirken auch zum größten Teil die chemische ENTFÄRBUNG durch Umwandlung der verunreinigenden Farbverbindungen in den Rohstoffen zum reinweißen Glas.

Nach Abschluß der Feinschmelze muß die Masse von ihrer hohen Temperatur und Dünnflüssigkeit bis zur Arbeitstemperatur und der zur Verarbeitung notwendigen Viskosität „abstehen". Diese liegen bei etwa 1150 Grad in der Bleiglas- und 1250 Grad in der Kaliglas-Fertigung.

43

Aus gut zubereitetem und abgelagertem Ton, werden die „Häfen" zur Glasschmelze in großen Holzformen „handgeschlagen".
Früher fertigte jede Glashütte ihre Häfen selbst; heute liefern sie „Glasschmelzhäfen-Farbiken".

Schwer ist die Arbeit des „Hafen-Eintragens". Die Häfen werden von ihrem rohen, ungebrannten Zustand, je nach Größe, in sechs bis acht Tagen im „Temper-Ofen" auf die Hitze des Schmelzofens vorbereitet.

HÜTTE — ÖFEN — FEUERUNG

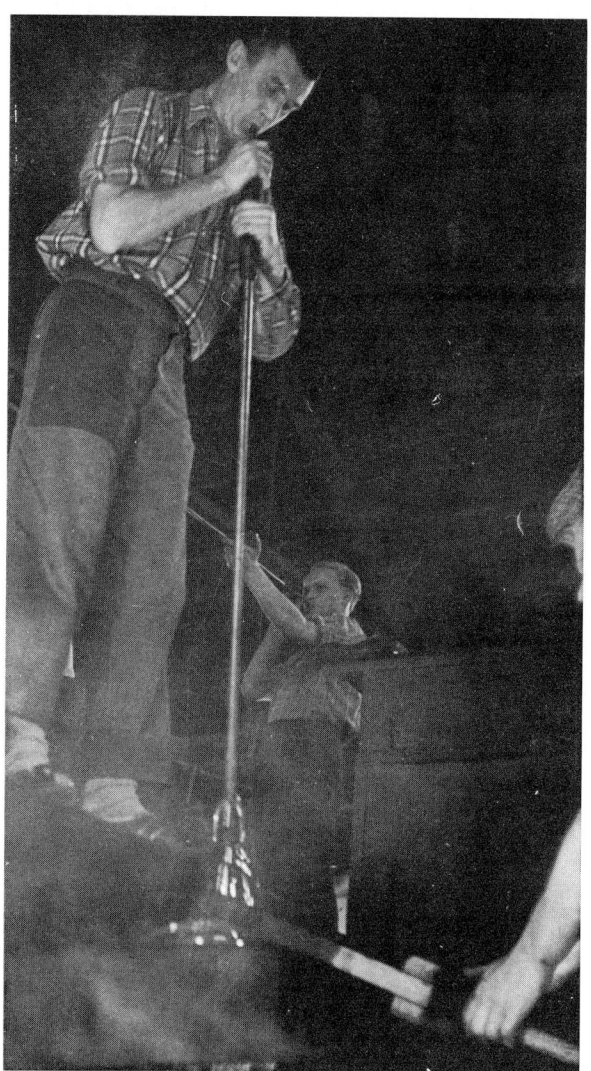

Die Glashütte:

Das Herz jedes Glasfabrikations-Betriebes ist die Hütte. Wenn auch längst, den Unternehmensgrößen entsprechend, daraus meistens moderne, helle Werkhallen geworden sind, so trägt dieses Zentrum der Glaserzeugung noch immer den Namen „Hütte", wie ihn die lange Tradition der Glasmacherei überliefert hat.

Die Glashütten haben sich in ihrer technischen Anlage und Ausstattung natürlich unentwegt gewandelt. Gerade in den letzten Jahren wurden aus den rauchgeschwängerten, verrußten und arbeitshygienisch nicht immer besten Arbeitsräumen der Glasmacher, freundliche Betriebshallen mit zeitgemäßer Technologie. Aber wenn auch die unmittelbare Gluthitze der Öfen durch mancherlei Anlagen gemildert ist, so ist die Hütte nach wie vor mit ihren hohen Temperaturen eine harte Arbeitsstätte für die darin Beschäftigten.

Mittelpunkt jeder Glashütte ist der Ofen. Je nach Art der Fabrikation unterscheiden sich hierbei zwei Typen: der Hafen- und der Wannenofen. In technischen Einzelheiten ändern und verbessern sie sich ständig, zumal ihre Lebensdauer je nach Beanspruchung zwischen zwei und zehn Jahren liegt. Der Baustoff für die Glasöfen ist in seinen wichtigsten Teilen Schamotte-Stein aus hochgebranntem, gekörntem Ton und weitere feuerbeständige Materialien.

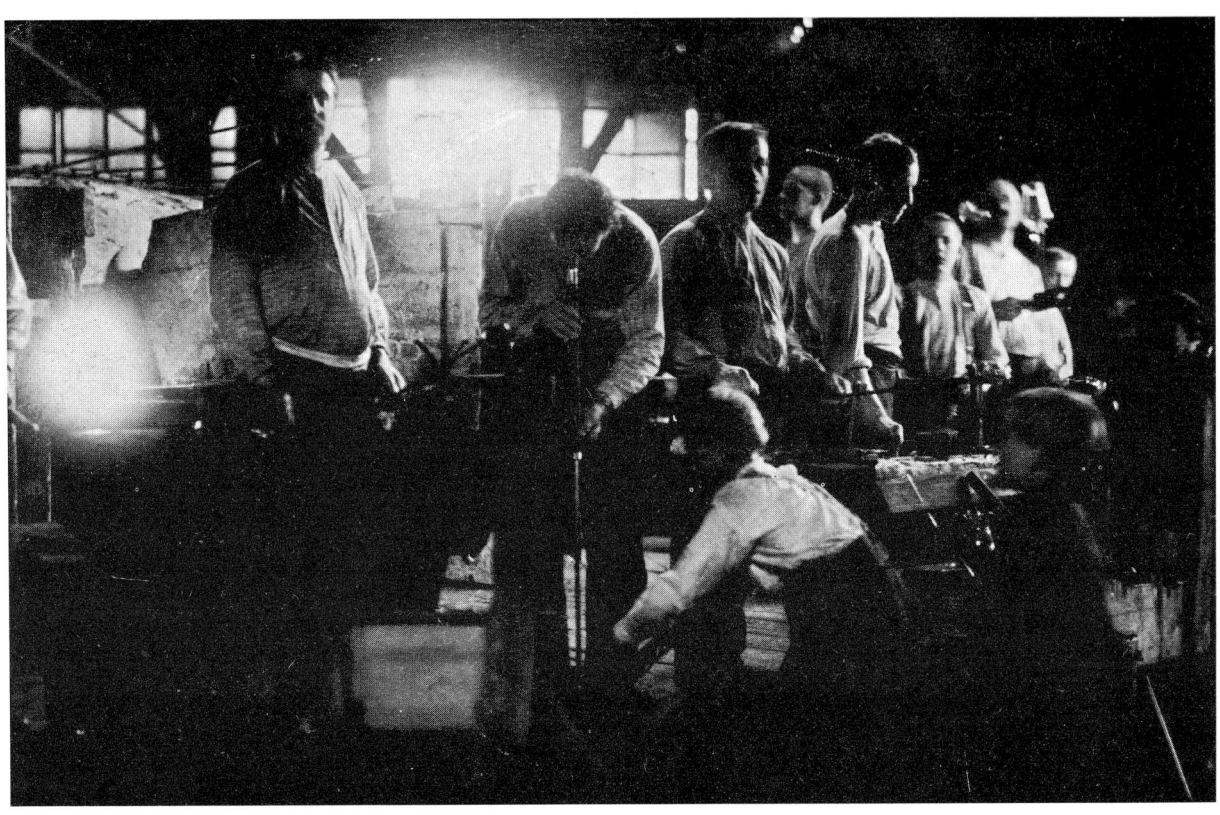

Der Hafenofen:

In der traditionellen, handwerklich ausgerichteten Glasfertigung wird grundsätzlich der Hafen-Ofen benützt. Er gestattet nur den einschichtigen Betrieb, da sich Schmelze und Ausarbeitung in zeitlicher Folge innerhalb eines Tages abwickeln. Je nach Größe der meist rund oder halbrund gebauten Öfen

reihen sich auf dessen Sohle die sogenannten „Häfen", als stumpfe, kegelförmige Töpfe aus Schamotte-Material mit einer durchschnittlichen Höhe von 65 cm und Durchmessern zwischen 60 und 120 cm. Das Entnehmen des Glases aus dem Hafen erfolgt, ebenso wie das Hineinlegen des Gemenges, durch die mit Schamotte-Platten abgedeckten „Arbeitslöcher" des Ofens. Früher hatte jede Glashütte zur Fertigung der von ihr benötigten Häfen eine eigene Hafenstube. Heute werden die Glashafen als industrielle Erzeugnisse von den Hütten gekauft.

Der Wannenofen:

Als Ausfluß der neuzeitlichen Glastechnologie wird in der maschinellen Glaserzeugung der Wannenofen benutzt. Er öffnete für die Glasindustrie die mehrschichtige Produktion. Zwar gestatten die feuerungstechnisch sehr vorteilhaften Tageswannen auch den Einschichtbetrieb mit zeitlicher Abfolge von Schmelze und Ausarbeitung an einem Tag. Die vollkontinuierliche Arbeitsweise der Massenglas-Fertigung aber ermöglichten erst die Dauerwannen. In örtlichem Ablauf vollzieht sich bei ihnen unentwegt der Schmelz-, Läuterungs- und Arbeitsvorgang. Dabei sind die einzelnen Räume durch Glasfluß-Verbindungen so gut voneinander getrennt, daß die unterschiedlich benötigten Temperaturen gefahren werden können. Mit der Dauerwanne kam die ständig laufende Glasverarbeitung.

Nebenöfen und Kühlbänder:

Zu den Nebenöfen im Hüttenbereich zählt in erster Linie der „Temper-Ofen" in dem die in bestimmten Abständen zu erneuernden Häfen für den Hafenofen vorgewärmt werden. Ein direktes Hineingeben der Schamotte-Töpfe in den heißen Schmelzofen würde jeden Hafen sofort sprengen.

Für größere Artikel, wie Krüge, Bowlen und Vasen werden in den Mundblashütten noch gelegentlich Kühlöfen unterhalten. Früher wurden darin alle Gläser „entspannt" und von der Verarbeitungs- zur Normaltemperatur „abgekühlt". Heute geschieht dies mit einem zeitlich regulierbaren Transportsystem in Kühlbändern.

Die Feuerung:

Die Feuerung der Glasschmelzöfen erfolgt seit mehr als hundert Jahren nach dem von Friedrich Siemens im Jahre 1861 erfundenem „Regenerativ-System". Hiernach werden Luft und Brenngas in zwei getrennten Kanälen dem Ofen zu- und die Abgase in zwei weiteren Kanälen abgeleitet. Durch regelmäßiges Wechseln der Kanäle wird hier sowohl die Zufuhr von Luft, als auch jene der Gase vorgewärmt. Damit kommt es nicht nur zur Einsparung beträchtlichen Energie-Aufwandes, sondern vor allem auch zu höheren Temperaturen. Das notwendige Generatorgas wurde von den Glashütten bis vor einigen Jahren in eigenen Gaserzeugern selbst gewonnen; als Heizmaterial verwendeten sie dabei Holz und Kohle. Nur ganz selten ist dies auch heute noch der Fall. Ein betriebsunabhängiges Versorgungsnetz ist mittlerweile durch die Leitungsversorgung mit Flüssig- und Ferngas entstanden. Seit Jahren wird zur Feuerung von Glasöfen auch Heizöl verwendet. Die elektrische Beheizung hat sich aus Kosten- und für größere Öfen auch aus technischen Gründen, noch nicht in nennenswertem Umfang durchgesetzt. Die Glasofenfeuerung durch Öl oder Flüssig- und Ferngas erfolgt nach dem Rekuperativ-System, das mit den entweichenden Abgasen in einer Röhrenanlage die zuströmende Verbrennungsluft vorwärmt. Mit der Entwicklung der Energieversorgung und Feuerungstechnik werden sich gerade in der Glasindustrie noch vielfache Wandlungen ergeben.

Alle Technik ist freilich auch im Glasgewerbe nur Voraussetzung zur Entwicklung schöpferischen Gestaltens. So wird der Werkstoff Glas auch weiterhin jenes Maß an praktischer Hilfe und kultureller Bereicherung bringen, wie die Menschen ihn zu formen und gestalten vermögen.

Am
Hafen-
Ofen

VOM GLASBLÄSER ZUM EISERNEN MANN

Die Hohlglas-Erzeugung

„Es ist ein unendliches Kreuz, Glas zu machen"
(Alter Hüttenspruch)

Aus dem Musterbuch der Glashütte von Oberzwieselau um 1900

50

GESTALTUNG UND FORM

Schöpferische Grundlinien:

Am Anfang jeder Glaserzeugung steht die Gestaltung der Form. Bewußtes Suchen und intuitives Erfassen bedingen sich hierbei gegenseitig. Ob nun gestaltender Entwerfer oder ausführender Glasmacher zur richtigen Form streben; immer sollen Zweckmäßigkeit, Sachlichkeit, Schönheitsempfinden oder auch nur ästhetische Spielerei den Gestaltungsprozeß bestimmen. Die stoffliche Reinheit des Glases verlangt nach gestalterischer Klarheit. Nur wenn die vorgegebenen Gesetze des Werkstoffes Beachtung finden, werden bleibende Formen entstehen. Auch die Mittel der Dekoration und Verwendung von Farbglas sind dem einzuordnen. Dieser bedingten Strenge in der Gestaltung zweckbestimmten Glases steht die großzügigste Entfaltungsmöglichkeit des Werkstoffes gegenüber, wenn künstlerische Phantasie nach zweckfreien Glasgebilden sucht.

Zeitströmungen haben auch die Ergebnisse des Glasschaffens immer wieder neu geprägt. Geschmack und Lebensgewohnheiten wirkten dabei ebenso ein, wie der jeweilige Stand der Technik. Das antike Glas war von der manuellen Formgebung bestimmt. Die revolutionierende Erfindung des Glasblasens mit der Pfeife, hat die Gestaltungsmöglichkeiten ungemein erweitert. Formgebung und Dekoration bei der flüssigen Masse wurden durch zusätzliche Veredelungstechniken zu allen Zeiten der Glasgeschichte ergänzt. Der Malerei und dem Glasschnitt folgten Diamantriß und Glasschliff bis hin zu den verschiedenen Ätztechniken. Nicht zuletzt wurden die Entwicklun-

gen der Glasprodukte von der Schmelztechnik beeinflußt. Gegen Ende des 17. Jahrhunderts waren es vor allem die Erfindung des Bleikristalls (1674) durch den Engländer George Ravenscroft und des böhmischen Kreideglases (1683) durch den Glashüttenmeister Michael Müller auf der Helmberg-Hütte bei Winterberg. Die neuen Glasarten eröffneten neue Gestaltungsmöglichkeiten. Bis heute werden von den Ausdrucksformen des Glases die kulturgeschichtlichen Wege der Menschheit gekennzeichnet.

Die Glasgestaltung der Gegenwart knüpft an viele Bezugspunkte der Vergangenheit an. War man bis vor wenigen Jahren auf die Linien der reinen Sachlichkeit eingeschworen und wird diese auch für das Gebrauchsglas nach wie vor gepflegt, so zeichnet sich im Zierglas eine sehr freizügig-skurrile Form- und Dekorgebung ab. Im Blick nach vorne steht das skulpturelle Glas. Das formvollendete Gebrauchsglas aus der Maschine manifestiert eine hohe Zivilisationsstufe. Diesem stehen handwerkliche Glaserzeugnisse gegenüber, die als kulturelle Gegenstände verstanden sein wollen. Die Grenzen gehen dabei ineinander; der Werkstoff Glas wird auch künftig alle Gestaltungsmöglichkeiten besitzen.

Vielfalt der Produkte:

Die Gestaltung des Glases ist von den Gegebenheiten des Werkstoffes und von elementaren Grundformen, wie Kugel, Tropfen und Zylinder beeinflußt. Daneben stehen der angestrebte Zier- oder Gebrauchszweck und natürlich die Kultur- und Lebensgewohnheiten der jeweiligen Zeit. So waren es unter anderem im Antiken Glas Lotoskelchbecher, Krater, Alabastron und Amphoren; im Altdeutschen Glas Glocken-, Spitz- und Rüsselbecher, Kuttrolf, Krautstrunk, Stangen- und Paßgläser. Schließlich bildeten sich durch Jahrhunderte all jene Formgruppen heraus, die das Glasschaffen der Gegenwart bestimmen:

Formen aus der Glasfachschule Zwiesel (1937)

Der Becher; in seinen Grundarten zylindrisch, konisch oder bauchig, hat in unterschiedlichen Größen vielfältige Verwendungsmöglichkeiten; das Schnapsstamperl ist seine kleine Ausgabe.

Das Kelchglas; eine auf unterschiedlichst geformten Stiel gesetzte Schale, der Kuppa, ist in allen Variationen gestaltet. Die Größen richten sich nach dem Verwendungszweck als Trinkgefäß für alle Getränkearten. Im Service ergeben sie eine abgestufte Garnitur bis hin zu den Sondergläsern, wie Schwenkern und Biertulpen.

Der Römer ist seit Jahrhunderten mit massiven und hohlgeformten Füßen das klassische Weinglas. In *Pokalen* und *Humpen* werden Kelchglas und Becherform überhöht.

Schalen, Schüsseln und *Teller* sind sowohl als Gebrauchs- wie als Ziergegenstände ausgebildet. Auch sie kennen je nach Verwendungszweck aufeinander abgestimmte „Sätze".

Vasen zeigen eine außerordentliche Gestaltungsfülle; von der Kugel- bis zur Stangenform. Über Schmuckabsichten hinaus erfordern sie als Gebrauchsglas vor allem Standfestigkeit.

Kannen, Krüge und *Karaffen* finden sich als Gebrauchsgefäße für alle Flüssigkeiten, aber auch häufig als reine Zierformen. Die vielfältigen Henkel erfüllen ebenso zweckdienliche wie ästhetische Funktionen.

Bowlen und *Flaschen* dienen als Hauptteil bestimmter Getränkeservice; sie werden mit gläsernen Deckeln und Pfropfen abgeschlossen. Ihre Ergänzung finden sie mit den dazugehörigen Kännchen und Bechern, oder bei Wein und Likörservicen mit Kelchen und Stampern.

Gläserne Geschenkartikel haben eine weite Palette von Formen; praktisch und schmückend zugleich, wie: *Dosen, Leuchter, Flakons, Aschenbecher, Briefbeschwerer, Körbchen* und *Glasplastiken.* Sie sind das große Feld für schöpferisches Gestalten.

Alle diese Glasformen werden nach einer bestimmten Herstellungsart produziert. Wenn die technischen Voraussetzungen in der gut geschmolzenen Glasmasse gegeben und die geistigen Gestaltungsprobleme mit der festgelegten Form abgeschlossen sind, dann geht das Glas in sein handwerkliches oder industrielles Fertigungsverfahren. Das Produkt entsteht.

Vasen (um 1900)
Glashütte Oberzwieselau

Wein-Service (um 1900)
Glashütte Oberzwieselau

Bild auf vorstehender Seite:
Vasen (um 1900) Buchenau

HERSTELLUNG UND VERARBEITUNG

Unterschiedliche Wege

Von der Schmelzmasse zu den fertigen Gegenständen führen unterschiedliche Wege der Glasherstellung. Es gibt die reine Handfertigung und die vollautomatische Erzeugung. Dazwischen liegen mehrere Möglichkeiten der Kombination, die zum Zwecke rationellen Produzierens vielfach angewandt werden. Man unterscheidet das in eine Negativform

geblasene Glas, wobei die Luft aus der Lunge des Glasmachers beim Mundblasverfahren, oder jener des „Eisernen Mannes" bei der Maschinenfertigung kommt.

Die Preßglaserzeugung drückt mit einem Stempel das flüssige Glas in die Negativ-Form und prägt dabei vielfach bereits die Dekoration mit.

Reine handwerkliche Arbeit mit alten Hüttentechniken erfolgt an den beheizten Auftreibtrommeln mit Auflegen, Verschmelzen, Anschneiden und freiem Gestalten von Glas.

Bei den Qualitätsbezeichnungen kann man davon ausgehen, daß es sich bei „Mundgeblasen—Handgeschliffen" weitgehend um Handarbeit; „Gepreßt und Nachgeschliffen" um kombinierte Maschinen- und Handarbeit und bei „Preßglas" um reine Maschinenarbeit handelt.

Die Handfertigung

Wenn in den Hafenöfen der Mundblashütten die Schmelze des Glases abgestanden ist, beginnt zur sehr frühen Morgenstunde die Arbeit der Glasmacher. In der Regel geschieht dies in Akkord-Gruppen zwischen vier und acht Mann. Als wichtigste Werkzeuge verwenden sie:

Die Glasmacherpfeife, ein ca. 1,50 m langes, 8—27 mm starkes, hohles Metallrohr, dessen 20 cm

In einer alten
Bayerwald-Glashütte
um 1900

langes Endstück aus zunderfreiem Stahl besteht, zum Blasen des Glases.

Das Anleg- oder Bindeisen, ein massiver Stab von etwa 1,30 m Länge und 12 mm Stärke, mit zunderfreier Stahlspitze von 20 cm, zum Anlegen flüssiger Glasposten.

Das Wulgerholz, ein gewölbter Löffel aus Buchenholz, der im wassergefüllten Übertrog mit seiner Eisengabel zur Pfeifen-Auflage, ständig benäßt zum Formen des Glases dient.

Die Abschneid-, Rund-, Patzel- und Auftreibscheren, die zum Schneiden, Zwacken und Modellieren des Glases Verwendung finden.

Die Bodenschere, aus abgelagertem Birnbaumholz mit dem richtigen Ausschnitt für die Bodengröße.

Das Streichholz, ein Buchenbrettchen zum Ausrichten der Bodenplatte.

Die Eintraggabel, für das Abtragen des fertigen Glases zum Kühlband, bzw. Auflage auf das Transportband.

Die Vorlage für die Arbeit der Glasmacher bilden in der Regel „Model" aus Holz, Graphit, Kohle, Metall oder Kunststoff, die vom Drechsler bzw. Ziseleur angefertigt werden. Mit der Schablone muß der Meister immer wieder die Maßgerechtigkeit der fertigen Gläser nachprüfen. Tagsüber werden die Gattungen mehrfach gewechselt, wobei die kleineren Sorten wegen der Dünnflüssigkeit des Schmelzflusses normalerweise in den frühen Stunden vorteilhafter zu machen sind. Innerhalb der Werkstelle sind die Tätigkeiten nach den einzelnen Arbeitsvorgängen unterteilt. Dabei gibt es unterschiedliche Arbeitsweisen mit differenzierten Abläufen. Die „böhmische Werkstelle" untergliedert am weitgehendsten mit folgendem Arbeitsverlauf:

Der Külblmacher entnimmt mit der Pfeife dem Hafen einen kleinen Glasposten und formt ihn leicht aufblasend und drehend zum „Külbel". Der Glasanfänger „übersticht" das Külbel mit einer weiteren Glasmasse und formt es mit dem Wulgerholz glatt und rund. Der Einbläser übernimmt den nun ausreichenden Glasposten und bläst unter ständigem Drehen in den immer wieder benäßten Model die Kuppa des Kelches ein um sodann einen Glasposten für den Stiel anzusetzen, den der „Stielzieher" auf der Glasmacherbank auszieht. Nach abermaligem Aufsetzen eines Glaspostens durch den „Bodenanfänger" wird vom Meister die Bodenplatte angeschnitten und der fertige Kelch dem Einträger in seine Gabel gelegt, der ihn zur Kühlung abträgt.

Diese sehr differenzierte Arbeitsweise einer Kelchglaswerkstelle ist heute vielfach abgelöst von der „rheinischen Art" bei der vom Meister sowohl Stiel und Boden angesetzt werden und Glas- und Bodenanfänger vom Keier ersetzt sind. Im übrigen werden die technischen Abläufe in den Glasmacher-Werkstellen von den zu fertigenden Produkten bestimmt. So muß bei großen Artikeln der Form-Tretkasten vom „Modelhalter" ersetzt werden, während der zunehmende Einsatz von Stielpressen mit rationeller Ermöglichung reichprofilierter Stielansätze, einen Mechanisierungs-Akzent in die Handfertigung setzt.

Nach den vorbezeichneten Methoden fertigen die Glasmacher in den Mundblashütten sämtliche Arten von Weißhohl- und Farbglas. Eine Sonderstellung nehmen dabei die Überfang-Gläser ein, die beides miteinander kombinieren und damit der Dekoration viele Möglichkeiten eröffnen. Beim *Innen-Überfang* wird das Külbel mit Farbzapfen oder direktem Hafenfarbglas ummantelt und mit der für das Gefäß notwendigen farblosen Glasmasse überstochen. Das Durchschleifen der Farbschicht ist in diesem Falle nicht möglich. Weit häufiger ist deshalb der *Außen-Überfang,* bei dem ein farbloser Glasposten in einen Farbtrichter geblasen wird, der dann das Glas farbig überzieht. Diese Vorgänge lassen sich für Mehrfach-Überfang wiederholen und geben damit im Durchschleifen der einzelnen Farbschichten großartige Veredelungs-Möglichkeiten.

HENKEL-AUFSETZEN: Der Glasmachermeister Emil Köppl in Spiegelau vollendet damit ei nen Krug

Beim *Verlaufenden Überfang* wird der Farbzapfen am Pfeifenansatz aufgelegt und mit farblosen Glas aufgeblasen, so daß ein abklingender Farbeffekt entsteht.

Eindeutig von den Merkmalen der Handfertigung gekennzeichnet ist die Anwendung der verschiedenen *Ofentechniken*, das heißt die Gestaltung des Glases in flüssigem Zustand sowohl in der Form als auch mit der Dekoration. Hier führt die Arbeitsweise zu den traditionellen Ursprüngen der Glasmacherei zurück. Die Eigenheiten des Werkstoffes und der gestalterische Ausdruck sind dabei miteinander verbunden.

Beim *Blasigen Glas* wird der Effekt von skurrillen Lufteinschlüssen bewußt als Dekorationselement herbeigeführt, indem bei der Schmelze weitgehendst auf die Läuterung verzichtet wird oder aber der Glasmacher mit einem Holzstück die Masse im Hafen in ständige Bewegung bringt. Das *Craquelee-Glas* wird in heißem Zustand mit Wasser schockartig geschreckt und bekommt davon seine haarförmigen Risse, die in der Ofentemperatur noch einmal verwärmt werden. *Marmoriertes Glas* entsteht durch Wälzen des heißen Glaspostens in farbigen Kröseln, die sich beim Ausblasen unregelmäßig über die Form verteilen. Beim *Hütteniris* werden die Gläser am Bren-

ner der Auftreibtrommeln Metalloxid-Dämpfen ausgesetzt und erhalten auf diese Weise eine farbig schillernde Oberfläche.

Mit Auflegearbeiten verbindet der Glasmacher verschiedenfarbige Glasmassen; er setzt Tropfen, Nuppen, Fäden und Tränen auf, so wie er Band- und Fadengläser durch geschicktes Anlegen von Farbstreifen in wechselseitigen Richtungen anfertigt. Aus der Vielseitigkeit der Ofentechniken spricht stets die formende Hand; die klassische Glasmacherei liegt hierin begründet.

Der feurig-flüssige Glasposten wird mit dem „Wulgerholz" geformt (links) und dann in den „Model" (oben) eingeblasen.

IN DER MUNDBLASHÜTTE: Können, Fleiß, Betriebsamkeit

KELCHGLAS-
AUTOMAT:
Der
„Eiserne
Mann"

Die Maschinenfertigung

Unser technisches Zeitalter und die Ansprüche der totalen Konsumgesellschaft führten auch in der Glaserzeugung zum maschinellen Verfahren. Mit der Herstellung einfacher Formen begann es in der Verpackungs- und Wirtschaftsglas-Industrie anfangs des 20. Jahrhunderts. Mitte der Fünfziger Jahre entwickelte der amerikanische Libbey-Konzern die ersten Produktionsverfahren für maschinengeblasene Kelchgläser. Im Jahre 1957 wurden erstmals in Europa von der belgischen Firma Durobor Kelchgläser maschinell produziert und 1961 zog der „Eiserne Mann" als „Glasbläser" in Zwiesel im Bayerischen Wald ein.

Neben den technischen Voraussetzungen verlangt die Maschinenfertigung als wichtigstes Erfordernis ein marktgerechtes Produkt für den Massenverbrauch. Nur große Serien bringen den beträchtlichen Kapital-Investitionen die notwendige Rentabilität. Zwangsläufig wird damit auch der Produzenten-Kreis auf wenige finanzstarke Unternehmen begrenzt.

Kennzeichen der Maschinenproduktion ist die vollkontinuierliche Arbeitsweise; das heißt optimale Ausnutzung der kostspieligen Anlagen im Dreischichten-Betrieb. Die einzelnen Arbeitsvorgänge haben einen weitgehend automatisierten Ablauf und unterliegen von der Aufnahme der Rohstoffe bis zur Fertigstellung des Produkts dem Fließband-Prinzip. Der technologische Wandel bringt dabei immer wieder Verbesserungen.

Die großen Dimensionen der Maschinen-Glaserzeugung beginnen schon mit dem hohen Verbrauch an Rohstoffen und deren Lagerung. Sand, Soda, Pottasche und Kalk werden aus den ankommenden Transportmitteln durch eine Gebläsevorrichtung direkt in gewaltige Silos gefüllt. Von dort wird das Gemenge nach betrieblicher Rezeptur automatisch entnommen und mit den Zusätzen für Läuterung und Entfärbung zum schmelzfertigen Satz gemischt. Über Transportband und Aufzug gelangen die vollen Gemenge-Karren zum Einfüllen an den Wannenofen, genauso wie die Behälter mit den notwendigen Scherbenzusätzen. Ein bis zwei Mann Bedienungspersonal sind dabei in der Lage, alle Vorgänge der Gemenge-Zusammenstellung und Einlage in den Schmelzbereich über Schautafeln, Armaturen und Druckknöpfe zu steuern.

Die Produktion maschinengefertigter Kelchgläser erfolgt über einem ständig dem Wannenofen entströmenden Schmelzfluß zu zwei synchron arbeitenden Automaten. Genau dosiert sind die feurig-flüssigen Glastropfen, die in die rotierenden Formen des Preß-Automaten fallen und hier in einem Stück zu Bodenplatte und Kelchstiel gepreßt werden. Dieses kompakte Unterteil gleitet im automatischen Verzahnungsvorgang auf die Halterungen des Blas-Automaten. Dort schließt sich darüber die Metallform für die Kelchschale; ein einträufelnder Glastropfen wird aufgeblasen und setzt die Kuppa auf. Erstmals kommt das Glas mit einem menschlichen Handgriff in Berührung, durch das Abnehmen und Umsetzen von Automaten auf das Kühlband. Aber auch diese Nahtstelle wird bald durch eine mechanische Vorrichtung ersetzt sein, so wie es beim anfänglichen Umsetzer zwischen Preß- und Blasautomaten schon geschehen ist.

Der „Eiserne Mann" kennt keinen Glasmacher mehr, sondern nur noch technisches Bedienungspersonal. Eine Anlage wird in der Regel bedient vom Schichtführer, zwei Maschinenführern, zwei sich abwechselnden Abnehmern und einem Schichtschlosser. Sie überwachen die Apparatur, prüfen in Stichproben die Regelmäßigkeiten von Druck, Gewicht und Form; und nur bei den Abnehmern hat das Glas noch sekundenschnellen Kontakt mit menschlicher Arbeitskraft.

Die automatischen Anlagen für die maschinelle Kelchglasfertigung können mit den unterschiedlichsten Formen ausgerüstet werden. Seit 1971 werden auch Bleikristall-Garnituren erzeugt. Aus rationellen Gründen erfolgt der Formenwechsel in größeren Abständen; die Serien klettern dadurch auf hohe Produktions-Ziffern. Durchschnittlich erzeugt eine Anlage pro Schicht je nach Größe und Kompliziertheit der Gläser, 10 000 bis 12 000 Stück; eine tägliche Brutto-Produktion somit von 30 000 bis 36 000 Kelchgläsern. Nach Abzug einer Bruch- und Ausschußquote von etwa 10 Prozent verbleiben Erzeugnisse von technisch einwandfreier Perfektion und Qualität.

Die Nachverarbeitung

Hüttenfertig geblasene Gläser haben sowohl in der Hand- als auch in der Maschinenfertigung eine Kappe. Sie müssen deshalb zum Stadium der vollen Gebrauchsfertigkeit nachgearbeitet werden. Dies geschieht zunächst durch das Absprengen der Kappe mit Diamant-Anriß und umlaufender Gasflamme an Maschinen und Automaten. Sodann erfolgt das Abschleifen. Bei größeren Stücken an horizontal laufenden Schleifscheiben; bei der weit überwiegenden Serienproduktion an Schleifbändern, und vielfach an kombinierten Spreng- und Schleifautomaten. Um seinen Rand der allgemein glatten und glänzenden Oberfläche des Glases anzupassen, durchläuft jedes Stück die Gasflammen der Verschmelzmaschine. In der Handfertigung zumeist und in der Maschinenfertigung stets, sind die einzelnen Stufen der Nachverarbeitung vom Kühlband weg über Transport- und Waschbänder miteinander gekoppelt. Sofern keine Dekorationswünsche vorliegen, steht an ihrem Ende das fertige Gebrauchsglas.

Glas-Packerei in den 20er Jahren

VEREDELUNGS-TECHNIKEN

Es gibt sehr viele Hohl- und insbesonders Wirtschaftsgläser, die mit der Hüttenfertigung und Nachverarbeitung ihren vollen Verwendungszweck erreichen. Allein die Gestalt des Glases erfüllt hier schon praktische Absicht und ästhetischen Anspruch. Daneben sind viele Gläser schon mit Ofentechniken verziert oder ihr besonderer Schmuck liegt in Form und Farbe. Sehr groß aber ist auch die Zahl von Hohlgläsern, die mit besonderen Veredelungs-Techniken ihr Aussehen verbessern und damit ihren Wert steigern. Sie werden geprägt von der angewandten Veredelungsart.

Der Glasschliff

Das gewöhnliche Schleifen des Glases erfolgt an horizontal laufenden Scheiben, mit den Abstufungen der Eisen-, Kunststein- und Pappholzscheibe für die Vorgänge des Rauh- und Feinschleifens sowie des Polierens; neuerdings auch mit Spezial-Diamantscheiben. In bescheidenem Umfang glättet heute noch auf diese Weise der „Scheibenschleifer" die scharfen Absprengränder an größeren Artikeln. Seine Arbeitsweise dient aber auch für große Veredelungs-Elemente, wie Flächen, Ecken und Kanten.

Die Veredelung des Glases durch den Hohlglasfeinschleifer, dem sogenannten Kugler, erfolgt am Schleifbock mit ständig von Wasser berieselten, senkrecht rotierenden Scheiben. Sie bestehen meistens aus Siliciumcarbid oder Korundmaterial und sind von unterschiedlichen Größen und Profilen, je nach beabsichtigtem Schliffmuster. Besonders rationelles

und wirksames Schleifen ermöglichen Diamant-Einbindungen in Metall- oder Kunstharz-Scheiben.

Die Dekorationsart bestimmt die verschiedenen Schleif-Vorgänge. Schwere Schliffe, insbesonders beim Bleikristall, werden vorgeschnitten, feingemacht und poliert; letzteres an mechanischen Vorrichtungen mit Scheiben oder durch das Tauchen in die Säurepolitur. Im reichen Tiefschliff entstehen so vielerlei Motive mit Linien, Keilen, Ovalen, Kugeln und Schnitten. Der leichtere Mattschliff bringt florale und dekorative Elemente in vielfältigsten Kombinationen. Reich und kostbar ist in der Regel das geschliffene Glas.

Seit 1965 gibt es den maschinellen Glasschliff an Automaten, die mit Vakuum-Halterungen gleichzeitig mehrere Hohlgläser programmierten Schleifvorgängen aussetzen. Mit strengen Elementen sind dabei wirkungsvolle Dekorationen erreichbar.

In der Schleiferei-Lehrwerkstätte
der Glasfachschule Zwiesel 1938

In der Gravurwerkstätte Gistl, Frauenau, 1952:
Die Graveure Otto Werner, Rudi Christof und Alfons Dick (von rechts)

Die Glasgravur

Eine künstlerisch besonders wertvolle Art der Glasveredelung ist die Glasgravur, oder wie vielfach ihre Bezeichnung lautet: der Glasschnitt. Das Gravieren oder Schneiden des Glases wird an einer Maschine ausgeführt, die mittels Riemen, früher im Fuß-Tretbetrieb und heute durch Motorkraft, senkrecht rotierende Räder aus Kupfer oder Kunststein bewegt. Der Graveur hält das zu schneidende Glas von unten an die Scheiben. Verwendet er für besonders feine Gravuren Kupferräder, so müssen diese ständig mit Schmirgel, in Form pulverisierten Korunds mit Petroleum vermischt, bestrichen werden. Für die einzelnen Schnittechniken sind Schmirgel in unterschiedlichen Körnungen notwendig; sie sind dem Glas gegenüber der angreifende Faktor. Überwiegend wird heutzutage jedoch die Steingravur wegen ihrer rationelleren Wirkung angewandt. Sie ist im Prinzip die verfeinerte Art des Glasschliffs.

Unterschieden wird die Glasgravur nach bestimmten Techniken:

Die Tiefgravur ist das plastische Herausarbeiten von feinen Details und Flächen aus dem Glas in unterschiedlichen Vertiefungen. Sie wird für bildhafte Ornamente, Wappen, Tiere und figürliche Motive angewandt.

Im Hochschnitt bleibt das Hauptmotiv erhaben stehen, während die Glasoberfläche ringsum ausgearbeitet ist. Er ist sehr arbeitsaufwendig und daher auch in der Regel nur in kostbaren Einzelstücken anzutreffen.

Die Linientechnik schneidet das Muster in unterschiedlich gegliedert Dekorelemente und verbindet hierbei Linien mit Kugeln, Ovalen und Keilen zu vielfältigen Ornamenten, Pflanzen- und Blumenmotiven.

Gravur-Arbeiten im Hochschnitt
von Rudolf Wagner, Zwiesel

Natürlich werden in der Glasgravur die einzelnen
Techniken untereinander zu Kombinationen verbun-
den. Dazu kommen Sonderarten, wie Schrift-, Rutsch-,
Lasur-, Schattier- und Strichtechniken.
Eine immer beliebter werdende Technik ist die des
Gravierens mit der *Biegsamen Welle*. In einem hand-
geführten Schneidegerät werden hier die kleinen
Rädchen, wie beim Stippen und Ritzen mit Diamant-
nadeln, über die Glasflächen geführt. Es ist wie pla-
stisches Freihandzeichen auf Glas.

„Springende Antilopen" (links) — Glasteller in Tiefgravur; und „München" — Flachglas-Gravur in Linientechnik (oben)
Arbeiten von Georg Hirtreiter, Frauenau

Kegelförmig läuft der Treibriemen in der alten Art des
Fußbetriebes auf den Gravurblock (Bild rechts)
Der Glasgraveur Ferdinand Schröder aus Zwiesel
im Jahre 1920 ▶

66

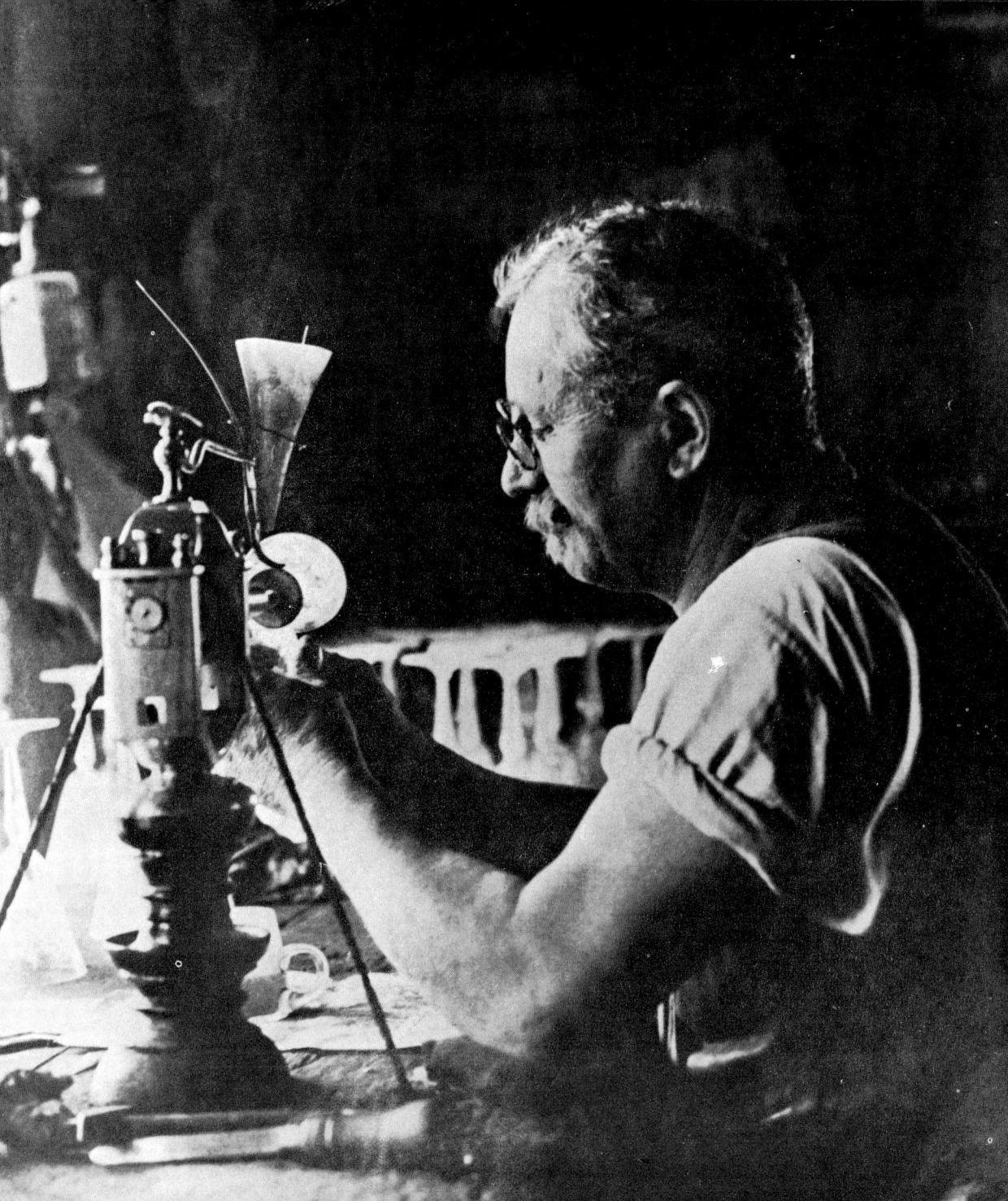

Kombinierte Gravur in Rutsch- und Linientechnik (Fachschule Zwiesel 1935)

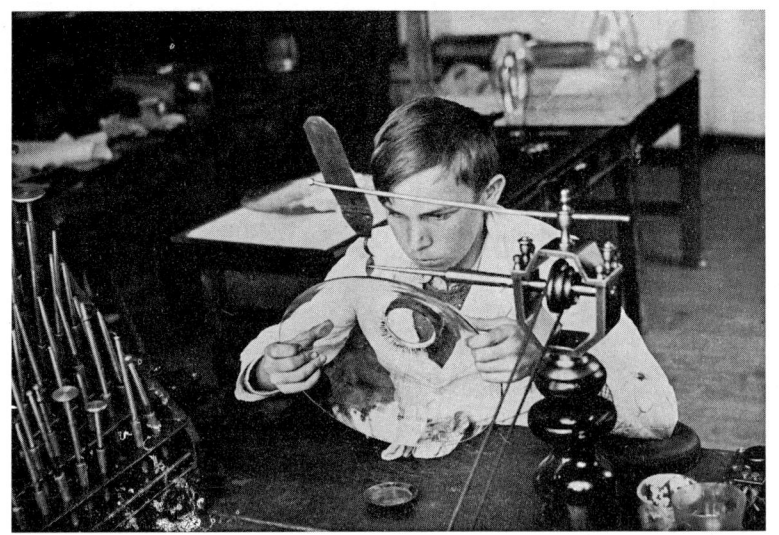

Die staatliche Fachschule für Glasindustrie in Zwiesel ist seit ihrem Bestehen der mustergültigen Glas-Dekoration verbunden.

Schüler bei der praktischen Arbeit in den Lehrwerkstätten für Gravur (links) und Malerei (unten). — 1938

Die Glasmalerei

Der Glasmaler trägt an Pult, Ränderscheibe und Linienmaschine mit Pinsel und Feder auf das Glas bunte und schmückende Farben. Diese selbst sind feinst pulverisiertes Glas, die sich durch das Einbrennen im Spezialofen bei etwa 500—550 Grad mit dem bemalten Glaskörper ineinander-schmelzend verbinden. Sie bestehen aus einem Metalloxid als Farbkörper und einem Flußmittel; Emaillmalereien ist noch ein Trübungsmittel beigesetzt. Die Farben werden mit Terpentin, Fettöl und Speziallacken vermischt. Man unterscheidet die Techniken der Glasmalerei nach der Eigenart der verwendeten Farben.

Deck-Emaills sind undurchsichtige Deckfarben, die in der Regel zu meist derberen Dekoren dick auf das Glas aufgetragen werden; mit und ohne scharfen Konturen, teilweise plastisch und reliefartig.

Transparent-Emaills sind durchsichtig und sehr leuchtkräftig. Sie lassen sich aber auch kräftig auftragen und finden für alle Dekorarten Verwendung, besonders auch als Begleitfarben für Federzeichnungen.

Flachfarben sind in der Glasmalerei das häufigst verwendete Dekorationsmittel. Sie können mit Feder oder Pinsel vom zartesten bis zum kräftigsten Ton aufgetragen werden. Für alle Motive bieten sich ihre vielfältigen Kombinations- und Abwechslungs-Möglichkeiten an.

Mattfarben kennzeichnen in der Regel die Gestaltung größerer Farbflächen. Sie sind glanzlos und werden mit Flächenpinseln oder Stuppballen als breit-gegliederte Schmuck-Elemente aufgetragen.

Schwarzlottechnik ist die Ausführung einfarbiger Pinselzeichnungen, deren Prinzip nicht nur in schwarzer, sondern auch anderer und besonders in roter Farbe, wirkungsvoll zur Geltung kommt.

Gold- und Silbermalerei eignet sich für alle Dekorarten. Für besondere Wertarbeit wird echtes Poliergold genommen, während zur Bemalung von Massenware auch Glanzgold und Glanzsilber verwendbar ist. Poliergold besteht aus metallischem Gold versetzt mit Quecksilberoxid und einem Flußmittel.

Ergänzungsarten der Glasmalerei sind die *Spritztechnik,* die mit Apparatur und Schablone Flächen und Dekore „aufspritzt", und das *Lüstern,* bei dem schillernde Farben mit dem Pinsel auf die Glasoberfläche angebracht werden. Ebenso aufgetragen werden die verschiedenen *Farbbeizen,* die sich besonders gut mit Glasschnitt und Glasschliff kombinieren lassen, wenn herausgearbeitete Motive zur Farbfläche in Kontrast gesetzt sind.

Die Glasätzung

Eine besondere Dekorationsart für Glas sind die verschiedenen Ätz-Techniken. Sie beruhen auf der Angriffsfähigkeit von Flußsäure gegenüber Glas, die in dessen Bestandteilen Kieselsäure aufzulösen vermag. Die verschiedenen Ätzungsarten werden vom Mischungsverhältnis der Flußsäure mit Schwefelsäure und ihrer Wasserverdünnung bestimmt. Von der Mattierung der Glasoberfläche bis zur reliefartigen Tiefätzung kann eine außerordentliche Vielfalt von Verzierungen angebracht werden. Einfache Muster gehören ebenso dazu, wie figurale Darstellungen. Die Dekoration von Massenwaren erfolgt mit dem rationellen Siebdruckverfahren.

Der Glasmaler Michael Kamm in Frauenau bei der „altböhmischen" Dekoration einer Vase

LEBENSQUELL EINER LANDSCHAFT

Glas aus dem Bayerischen Wald

„Nichts hat den Namen unserer Waldheimat in der
weiten Welt so berühmt gemacht, wie das Glas."
(Josef Blau)

„Baum des Waldglases" — 1956 (E. Eisch)

DAS WALDGEBIRGE ALS HÜTTEN-STANDRAUM

Vorläufer der Rodung

Die Anfänge des Glasgewerbes im Bayerischen Wald sind nicht exakt datierbar. Sie lassen sich aber einordnen in die Entstehungszeit der „Waldglas-hütten", die ab dem 14. Jahrhundert im Holzreich-tum der deutschen Mittelgebirge günstige Voraus-setzungen für Feuerung und Aschenbrand entdeck-ten. Holz war wertlos; insbesonders in unwegsamen und ungerodeten Gebieten. Hieraus folgte, daß Ge-werbezweige dem Wald zustrebten, die dessen im Überfluß vorhandenes Material zur Erzeugung eines gesuchten Gutes verwenden konnten. Glas war große Mangelware und der Wald bot seiner Herstellung eine Fülle ungenutzter Möglichkeiten.

Unbekannt sind die ersten Glasmacher des Bayeri-schen Waldes. Daß es flüchtige Muranesen waren, darf füglich bezweifelt werden, da zu jener Zeit das Glasgewerbe Venedigs selbst in seiner ersten Blüte stand und die illegale Abwanderung von dort, wohl kaum schon übermäßig eingesetzt hat. Vielmehr dürften es Adels-Bedienstete und Kloster-Handwer-ker gewesen sein, die erstmals im bayerisch-böhmi-schen Grenzgebiege Glas erzeugten. Wenn auch der verschiedentlich auftauchende Hinweis, Abt Poppo II. von Niederaltaich hätte um 1285 „Glasscheiben aus den Hütten des Bayerischen Waldes" in der Abtei an der Donau verwendet, noch keinen archivalischen Beleg fand, so könnten hierin doch Kontakte aus dem Hauptrodungs-Kloster des Bayerischen Waldes zu den dortigen Glashütten liegen. Die urkundliche Erwähnung der Orte „Glashütt" bei Sankt Englmar (1305) und „Engelshütt" bei Lam (1330) verweisen mit ziemlicher Sicherheit auf erste, kurzfristige Glas-hütten-Standorte.

Viele Gemeinsamkeiten in ihrer Entwicklung hatte das Waldgebirge entlang des Grenzkammes in Bayern und Böhmen. Um die Mitte des 14. Jahrhunderts tauchen die ersten Glashütten-Hinweise aus der Ge-gend von Winterberg auf. Im Bemühen ihre Besit-zungen in den unwegsamen Waldgebieten mehr zu nützen, haben die adeligen Grundherren zweifels-ohne das Glasgewerbe gefördert. Der Holzreichtum bot hierzu zweifache Voraussetzungen. Einmal zur Ofen-Feuerung und zum anderen zur Pottasche-Gewinnung. In beiden Fällen konnte das nicht weit transportierbare Holz an Ort und Stelle Verwendung finden. So sind Hütten und Flußsiedereien dem Wald nachgewandert; sie waren damit Wegbereiter und Vorläufer der Rodung.

Feuerung mit Holz

Die anfängliche Ofen- und Feuerungstechnik der Waldglashütten war sehr einfach. Genaue Überliefe-rungen fehlen zwar, doch lassen schriftliche und bildliche Darstellungen aus früheren Jahrhunderten ziemlich genaue Schlüsse zu. Danach kannte man ursprünglich die unmittelbare Schmelze des Glases nicht. Vielmehr wurden die Rohstoffe zunächst im Fritt-Ofen zu einer höchst unreinen Masse geschmol-zen. Diese wurde dann gebrochen und im Schmelz-ofen in verarbeitungsfähigen Zustand gebracht. Am einprägsamsten überlieferte die Grundform des mit-telalterlichen Glasofens Georg Agricola in seinem 1556 erschienenen Buch „De re metallica". In die-sem, von Bogen gegliedert und gehalten, bienen-korbförmigen Ofen, dient das Basis-Drittel als Raum zur direkten Feuerung mit kräftigen Holzscheitern. Durch halbrunde Öffnungen im Mittelteil mit dem

Schmelzraum, konnte das Glas zur Verarbeitung aus den Häfen entnommen werden. Im abschließenden Giebel-Gewölbe schließlich wurden die fertigen Gläser gekühlt. Sicher haben auch eine Reihe anderer Ofenarten, teilweise viel einfacher und vor allem mit primitiven Materialien erstellt, zur Erzeugung von Waldglas gedient.

Alle Öfen hatten aber direkte Feuerung und wurden nur mit Holz beheizt. Der Wald lieferte das notwendige Brennmaterial. Die Schmelzdauer der Glasmasse bis zur Verarbeitungsmöglichkeit war bei den einfachen Feuerungsarten natürlich sehr lang. Sie lag zwischen 20 und 30 Stunden. Gut 500 Jahre diente ausschließlich Holz als Brennmaterial für die Waldglashütten. Die in England schon im 18. Jahrhundert bekannte Kohlefeuerung ist in den Wald erst in der zweiten Hälfte des 19. Jahrhunderts eingezogen.

Der für die Feuerung der Glashütten benötigte Holzverbrauch war zwar groß, aber er hielt sich in angemessenen Rahmen und wäre von den vorhandenen und nachwachsenden Beständen leicht zu befriedigen gewesen. Zu einem Feind des Waldes und deshalb sehr bald einem strengen Reglement unterworfen aber wurde die Holznutzung für den Aschenbrand, der Gewinnung des notwendigen Flußmittels zur Schmelze des Waldglases.

Aschenbrand und Flußhütte

Hauptbestandteil des Glases ist Quarzsand, dessen hoher Schmelzpunkt von über 1700 Grad mit den Heizwerten der einfachen Holzfeuerung nie erreicht werden konnte. Um die Schmelze zu ermöglichen und überhaupt verarbeitungsfähiges Glas zu bekommen, war dem Gemenge ein Flußmittel beizusetzen. Soda aus den Natronseen ferner Länder stand den Waldglashütten nicht zur Verfügung. Sie mußten den Holzreichtum ihrer Umgebung nutzen, um das Flußmittel Pottasche zu gewinnen. Waldglas

hatte eine Zusammensetzung von etwa 100 Teilen Sand, 15 Teilen Kalk und 30 Teilen Pottasche. Der Bedarf an Pottasche war sehr groß.

Als Grundstoff der Pottasche-Gewinnung war jede Asche von Holzfeuerstellen verwendbar. Sie wurde gesammelt, wo sie in den Siedlungen der Menschen und ihren Arbeitsstellen anfiel; doch die Ausbeute hiervon war völlig unzureichend. Die Wälder mußten direkt der Asche zum Opfer fallen. Aschenbrenner zogen in abseitige Gebiete, um nacheinander den Baumbestand abzubrennen. Sie haben zunächst die schlechten Stämme, Baumleichen, Reisighaufen, verfaultes und überständiges Holz in Asche verwandelt; schließlich aber den Bestand großer Waldflächen umgelegt. Eine besondere Ausbeute brachte das Verglühen stehender Bäume, die am Fuß bis in die Kernmitte angelocht und von innen langsam ausgeflammt wurden. Die in primitiven Waldhütten hausenden Aschenbrenner verstanden ihr Handwerk und verdienten nicht schlecht; sie gaben aber auch zu häufigen Beschwerden Anlaß. Ihre Aschen-Mengen brachten sie in regelmäßigen Abständen zu den Flußhütten. Dort entstand daraus Pottasche.

Große Bottiche nahmen in der Flußhütte die angelieferte Asche auf, wo sie mit Wasser zu breiiger Masse vermengt durch einfache Siebe aus Reisig ihre größten Verunreinigungen verlor. Dann wurde sie in beheizten Sudkesseln des Wassers verdampft und zu festen Bestandteilen ausgelaugt; ein Vorgang, der sich mehrmals wiederholte. Die zuletzt verbliebene Masse nahm schließlich der Kalzinier-Ofen zum Ausglühen in verwendbare Pottasche auf. Ihr Volumen in Bezug zum ursprünglichen Holzaufwand ist allerdings ungeheuer geschrumpft. So ergaben ein Kubikmeter Fichtenholz noch 0,45 Kubik-Dezimeter Pottasche. Buchenholz verringerte sich von 1000 Teilen auf 1,45 Teile; Ulmenholz fiel von 1000 Teilen auf 3,90 Teile zurück.

Von Josef Blau, dem Altmeister volkskundlichen Forschens über die Glashütten des Waldgebirges, wurde der Entwurf einer Aschenbrenner-Ordnung überliefert, wie sie im Jahre 1754 die bayerische kurfürstliche Forstkommission den Glasmeistern zur Stellungnahme übergeben hat. Die praktische Handhabung des Aschenbrennens wird darin ebenso gekennzeichnet, wie seine holzwirtschaftlichen Auswirkungen:

„Das Holz, das nicht befördert werden kann, soll durch Aschenbrenner verbrannt und zur Flußerzeugung verwendet werden."

„Die Waldasche wird teils zu Boutellien u. dergl., meistenteils aber zum Bodaschen- oder Flußsieden, dann derselben Calcinirung verwendet. Dabei ist Unfug getrieben worden, daß ganze und zwar auch die schönsten Waldungen haben ruiniert werden müssen.

Das geschah dadurch, daß die Waldbesitzer, die ihr Holz nicht anders verwenden konnten, Flußhütten oder Bodaschensiedereien angelegt und jedem, der sich etwas zu verdienen gesucht, den Wald preisgegeben haben, auch teils Orten den Aschenbrennern den Aschen nach der Maß oder schäfflweis abgekauft — oder die geringwertige Bodasche dem Zentner nach bezahlt, wodurch sich große Missbräuche haben einschleichen können.

Einesteils will der Aschenbrenner eine große Quantität herstellen. Er will sich die Mühe ersparen und greift die großen alten Tannen- und Buchenbestände an. Ist ein solcher Baum vom Gipfel dürr, und ob er gleich in sich selbst unschadhaft, auch wohl noch viele Jahre ohne Mangel im Walde stehend verbleiben könnte, zum Aschenbrennen am besten sei, die die Aschenbrenner dann aussuchen und bis in die Mitte des Kerns anlochen, das ist bis in die Mitte des Baumes ein viereckiges Loch einhauen, in dieses Feuer legen und nachdem der vorhin leicht brennende Kern recht angeflammt ist, einen Stein fürs angiebte Loch stellen und sohin 5 auch 7 Tag nacheinander inwendig ausglühen lassen, alle Tag aber den herunterfallenden Aschen wegtragen, bis der Baum von selbst bis gegen und auf die Hälfte

innenher ausgebrannt ist, nachmals von selbst erlöscht und umfällt, sofort die andere Hälfte des Stammes, vielmehrens die Schwarten, so von Saft sich selbst befeuchtet und nit so leicht als der Kern brennen will, im Wald zum Verfaulen liegen bleiben muß.

Woraus aber erfolgt, daß ein Mann innerhalb einer Wochen 20—30 solche Baumb anhauet und anbrennt, auch ohne weitere Mühe also den Aschen in seine Aschenhütten zusammenzutragen hat und nach der Masse, weil durch solches Glimmen der Aschen ganz roglicht herunterfällt und ihm dermaßen wohl ausgibet, wochentlich leicht 4, 5 und mehr Gulden ins Verdienen bringen kann.

Alleinig es bleibt, wie vorbesagt, jederzeit über die Hälfte Holz zum Verfaulen im Wald liegen, welches dann groß Gfäll im Wald und Verschwendung des Holzes verursachet, daß auch eine schöne ausgewachsene Waldung in wenig Jahren großtenteils ruiniert werden kann, wo doch die liegend verbliebenen Schwarten allererst den besten Fluß in sich halten, angesehen eben der Bodaschen nichts anderes als die Salia (gemeint: Salze) von Holz und weil die Schwarten mehr Saft enthält und einen flußreicheren, wenn auch in der Masse geringeren Aschen erzeuget."

Den Verwüstungen des Waldes durch die Aschenbrenner mußten Grenzen gesetzt werden; sie gingen über die erlaubte Holznutzung vielfach weit hinaus. Gegen Ende des 18. Jahrhunderts kam die Pottasche-Gewinnung im Waldland allmählich zum Erliegen. Händler brachten das notwendige Flußmittel aus dem anliegenden Ausland. Die Erfindung des Glaubersalzes zu Beginn des 19. Jahrhunderts bot außerdem ein Ersatzmittel. Mitte des 19. Jahrhunderts schließlich setzte die industrielle Erzeugung von Pottasche aus Kalisalzen einen Schlußpunkt hinter eine jahrhunderte alte, unendlich holzverschlingende Art von Rohstoff-Gewinnung.

Zur gleichen Zeit hat Holz auch als Brennstoff für die Glashütten seine Bedeutung verloren. Ein wichtiger Standortfaktor war überholt. Die den Glasmeistern großflächig überlassenen Holznutzungsrechte und der Ertrag der großen Hüttengüter haben dem Bayerischen Wald sein traditionelles Gewerbe gebracht. Forstschädigung und Holzverschwendung markierten nur Auswüchse; ansonsten diente der Wald sinnvoll und wirtschaftlich den Glashütten. Immerhin hat der Aschenbrand etwa das dreifache jener Holzmenge verschlungen, wie sie für die Hüttenfeuerung nötig war. Die Poschinger'sche Glashütte von Frauenau verschürte in der 40-wöchigen Schmelzsaison von 1761 ganze 585 Klafter (1 Klafter ist 0,338 cbm), während für die Pottasche-Gewinnung 1300 Klafter verbraucht wurden.

Quarz-Vorkommen als Rohstoff-Quelle

Von großer Bedeutung für die Standortwahl der Glashütten, war zu allen Zeiten ein möglichst günstiger Rohstoff-Bezug. Der wichtigste Glas-Rohstoff ist Quarz und seine Vorkommen im Bayerischen Wald bestimmten wesentlich die dortige Ansiedlung des Glasgewerbes. Für die anspruchslose Qualität des Waldglases, war „Kies", wie man das Quarzgestein bezeichnete, in ausreichender Güte und Menge vorhanden. Jahrhundertelang wurden in einfachster Weise lose Brocken und Findlinge im Wald, sowie Geröllgestein an Flüssen und Bächen gesammelt.

Der bergmännische Quarz-Abbau begann in der ersten Hälfte des 18. Jahrhunderts. Vom Bergamt Bodenmais wurden dabei die landesherrlichen Privilegien gewahrt. Mit Meißel, Pickel und Schlegel setzte die Quarzgewinnung im Tage- und Untertagebau ein. Als erste Abbaustelle dieser Art wird 1725 der Harlachberg bei Bodenmais genannt. Zahlreiche Quarzbrüche folgten im oberen und mittleren Bayerischen Wald; sie entstanden zwischen Reitenberg

bei Kötzting im Nordwesten und der Taferlhöhe bei Frauenau im Südosten.

Von besonderer Güte war der an einigen Stellen gewonnene, rötlich gefärbte Rosenquarz. Aber auch der ansonsten abgebaute „weiße Kies" bot für die Schmelze des Glases die gleiche Qualität. Lediglich der Pfahlquarz fand seiner Unreinheiten wegen wenig Verwendung; kurzfristig gab es aber trotzdem immer wieder Abbau-Versuche an Nebenläufen dieser großen Quarzader des Bayerischen Waldes. In einer Standortkarte für das Glasmuseum Frauenau erfaßte der verdienstvolle Amateur-Geologe Fritz Pfaffl, die wichtigsten Stellen bergmännischen Quarzabbaues:

Reitenberg: Betreiber und Abnehmer unbekannt.

Stanzen: Bis 1789 von Lohberger Glashütten betrieben.

Schwarzeck: Ab 1838 für Hütten im Lamer Winkel betrieben.

Rauchloch bei Arnbruck: Abnehmer Poschingerhütte.

Hörlberg bei Lohberg: 1789 für Glashütte Lohberg erschlossen, ab 1837 für Glashütte Theresienthal geliefert.

Asbach: Benedikt von Poschinger, Oberzwieselau, 1838.

Frath bei Oberried: Bis 1837 für Benedikt von Poschinger, Oberzwieselau; ab 1837 an Glashütte Schönbach.

Bärnloch am Arber: Betreiber und Abnehmer unbekannt.

Böbrach: Benedikt von Poschinger, Oberzwieselau.

Maisried: Benedikt von Poschinger, Oberzwieselau.

Blötz: Ab 1855 vom Bergamt Bodenmais betrieben.

Waldmann: Im Jahr 1811 von Benedikt von Poschinger betrieben.

Hühnerkobel: Bedeutendster Quarzbruch des Bayerischen Waldes. Unter anderem ab 1755 Lieferant für die Glashütten Rabenstein, Oberzwieselau, Frauenau, Riedlhütte, Ludwigsthal, Klingenbrunn, Elisenthal, Annathal, Deffernik, Benediktbeuren und die Nymphenburger Porzellan-Manufaktur.

Klautzenbach: Für Glasfabrik Ludwigsthal.

Kammermeier-Bergl bei Zwiesel: Für Theresienthaler Glashütte.

Birkhöhe bei Zwiesel: Für Glashütten Ludwigsthal, Oberzwieselau und Frauenau.

Pochermühle: Für Oberzwieselauer-Glashütte.

Taferlhöhe bei Frauenau: 1837 entdeckt; betrieben von den Poschinger-Hütten in Frauenau.

Als Quarz-Lieferanten bezeichnete im Jahr 1835 Dr. von Rudhart, in seiner Darstellung „Die Industrie in dem Unterdonaukreise des Königreiches Bayern", auch die Brüche von Gehmannsberg und Weißenstein. So bezogen von dort jährlich die Hütten von Klingenbrunn, 500 Zentner, von Oberzwieselau 1500—1600 Zentner und die Hilzenhütte (Buchenau) 1800 Zentner. Und in einem Schreiben vom 12. August 1869 an den „löblichen Magistrat des Marktes Zwiesel", beehrt sich Johann Michael von Poschinger aus Frauenau mitzuteilen:

„daß aus der Gegend von Kirchdorf, Kirchberg, Weißenstein etc. meinen Hütten im Jahre 1868 zugeführt wurden:

976 Zentner Stroh
3852 Zentner Kies
49 Scheffel Haber.

Der Anspann wurde dabei von den betreffenden Verkäufern besorgt."

Quarz-Abbau am Hühnerkobel um 1830

Der sowohl in Brocken gesammelte, als auch bergmännisch abgebaute „Kies" mußte zur notwendigen Verarbeitung in gebrauchsfähigen Sand zur Pochermühle gebracht werden. Dort hat man das Quarzgestein im Kiesbrandofen ausgeglüht und dann mit kaltem Wasser abgeschreckt; dadurch wurde es mürb und rissig. Ein drehendes Wasserrad bewegte über die Verzapfungen einer großen Spindel die eisenbesohlten Stampfsäulen des Pochers ständig auf und ab. Die darunter geworfenen Kiesbrocken wurden davon zertrümmert und zermahlen. Für den Pochermann war die Arbeit sehr ungesund. Gegen die starke Staubentwicklung schützte er sich meistens mit feuchten Tüchern vor dem, oder Flachsbündeln, im Mund. Dennoch dauerte es nie allzulange, bis er an Staublunge erkrankte.

Das ausgemahlene Quarzgestein schließlich wurde ausgewaschen und durch ein feines Sieb gerüttelt, da nur kleinkörniger Sand seinen Zweck erfüllte. Nach dem Austrocknen war der Kies gebrauchsfertig; er konnte zur Glasschmelze verwendet werden.

„Pocher" — Modell im Glasmuseum Frauenau

„Pochermühle" —
Hafenstube für die Oberzwieselauer Glashütte, an der sich links Wasserrad und Scherbenpocher befanden

DIE BAYERWALD-GLASHÜTTEN

Erste Erwähnungen

Die ersten umfassenden und deutlichen Urkunden über Arbeit, Eigentumsverhältnisse und Zinsverpflichtungen der Glashütten des Bayerischen Waldes erscheinen im 15. Jahrhundert. Sie beziehen sich auf die Orte, die zum gleichen Zeitpunkt ihre erste Rodungswelle erlebten. Die Hütten waren einfach und nur relativ ortsfest; mit der Abholzung des Waldes wechselten sie im näheren Umkreis mehrfach ihren Standort.

Gefertigt wurden Glaserzeugnisse von nicht allzu großer Qualität: Perlen (Patterl), Scheiben (Tafelglas), und einfache Hohlgefäße (Waldglas). Die ersten Produkte erfreuten sich auch offensichtlich keines allzu guten Rufes. Ein Dekret des Rates der Stadt Nürnberg aus dem Jahre 1570 stellte als besonderes Verbot heraus: „Waldscheuben" nicht betrügerisch anstelle von „guett venedisch scheuben" zu verwenden.

Die erste, geschlossene Erwähnung in kartographisch-literarischer Form, findet das Glasgewerbe des Bayerischen Waldes in Philipp Apians „XXIV BAIRISCHEN LANDTAFELN." Im Auftrag von Herzog Albrecht V. hat der Ingolstädter Mathematik-Professor eine großartige Landes-Darstellung geschaffen und 1568 der Öffentlichkeit übergeben. Die „ACHTE LANDTAFEL" zählt darin im Gebiet des Bayerischen Waldes auf: „SPIEGLHÜTN LOCHPERG, (LOHBERG), SUMERAW (SOMMERAU) ETC. Auf der „ELFTEN LANDTAFEL" findet sich kartographisch bei Englmar der Ort „GLASSHÜT".

Die „ZWÖLFTE LANDTAFEL" schließlich, die neben der Kartographie auch in lateinischer Schrift einen Abschnitt „DARSTELLUNG DER WICHTIGSTEN SCHÄTZE BAYERNS" enthält, bringt den Vermerk: „FABRIKEN FÜR GLÄSER UND SPIEGEL IN NICHT GERINGER ZAHL IN DER NÄHE DES BÖHMERWALDES". Dazu sind in Karte und Text aufgeführt: „AW, (FRAUENAU) HIERSCHLAG, REICHENBERG, SCHÖNAW, (SCHÖNAU) SPIEGLAW, (SPIEGELAU) ZADLERSSHÜT (ZWIESELAU) ETC.

Philipp Apian: Achte Landtafel

Es ist mit Sicherheit anzunehmen, daß Apian nicht alle Glashütten erfaßt hat. Mit seinen Endhinweisen „ETCETERA" ließ er die Vollständigkeit seiner Aufzählungen ebenso offen, wie urkundliche Belege aus der damaligen Zeit weitere Hütten nachweisen. Andererseits erwähnte Apian mit Hierschlag eine Glashütte, die zum Zeitpunkt seiner Veröffentlichung bereits stillgelegt war.

Philipp Apian: Zwölfte Landtafel

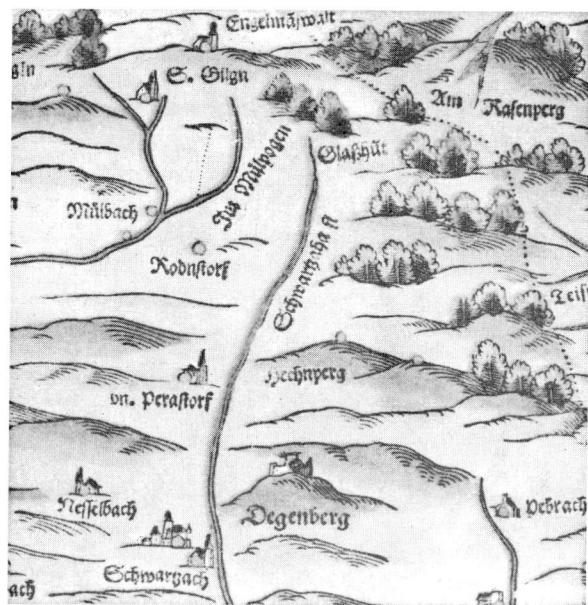

Philipp Apian: Elfte Landtafel

FRAUENAU: 1420 (Glaser-Urkunde), 1492 (Besitz-Urkunde), 1975 drei Glashütten in Betrieb (Poschinger, KSS-Werk, Eisch).

Alte Waldglashütte in Oberfrauenau; kaminlos erfolgte der Rauchabzug durch das Hüttendach

Chronologie der Hütten-Standorte

Bei den frühen Waldglashütten handelte es sich in der Regel um kleine Betriebsstätten. Die vergebenen Holznutzungsrechte durch landesherrliche und geistliche Dekrete, (noch im 17. Jahrhundert erhielt der Fürstbischof von Passau für 60 000 Tagwerk Waldungen nicht mehr als einen Jahreszins von 17 Gulden), haben neben im Familienbesitz zusammengehaltener Glashüttengüter, die Hütten-Standorte lokalisiert. Dabei ergibt sich nachstehende Chronologie:

RABENSTEIN: 1421 (Rinchnacher-Urkunden) — 1822 nach Schachtenbach — 1845 nach REGEN-HÜTTE, dort: 1974 in Betrieb: (Barthmann-cristall).

SCHÖNAU: (Neu-/Altschönau bei Grafenau) „Kaiserhütte" um 1425 errichtet, 1844 stillgelegt.

KREUZBERG: (bei Freyung), gegründet 1438 (Viereckl) — stillgelegt um 1735 (Joh. Berh. Hilz).

DUSCHLBERG: (bei Grainet, auch Hobelsberg) — Wechsel-Standort — 1449 gegründet, 1758 stillgelegt.

ZWIESELAU: Um 1450 errichtet, 1528 Oberzwieselau erwähnt — Wechsel-Standort-Hohlglashütte 1925 stillgelegt.

REICHENBERG: (Riedlhütte bei Spiegelau) — Wechsel-Standort um 1450 gegründet, 1975 in Betrieb (F. X. Nachtmann KG).

HIRSCHSCHLAG: (bei Oberkreuzberg), gegründet 1488, stillgelegt 1560.

BODENMAIS: Von 1490 bis Ende 18. Jahrhunderts an wechselnden Standorten von unterschiedlichen Glasmeistern betrieben.

SOMMERAU: gegründet um 1520, stillgelegt 1630.

Die Flanitzhütte um 1925

SPIEGELAU: 1521 gegründet, Wechsel-Standort mit Klingenbrunn (um 1600). 1975 in Betrieb (Spiegelau GmbH — Union Fröndenberg). KLINGENBRUNN 1840 nach FLANITZHÜTTE (Tafelglas), 1929 stillgelegt.

LOHBERGHÜTTE: 1538 errichtet, 1853 (Franz Schrenk) enge Produktionsverbindungen zu den böhmischen Hütten im Eisensteiner Tal, Fabrikation von Spiegel, Tafel und Kristallgläsern. — Errichtung der Schleif- und Polierwerke Alt-Schrenkenthal (1865) und Neuschrenkenthal (1871) Hüttenbetrieb 1905 verlegt nach Neustadt/Waldnaab. Verarbeitung in Neu-Schrenkenthal bis 1940.

LOHBERG: (Schwarzenbach), um 1550 gegründet, um 1630 stillgelegt. Mooshütte 1650—1750. Bis 1800 über ein Dutzend Hütten mit Wechsel-Standorten im Bereich des oberen Weißen Regens um Lohberg und Sommerau.

BREITENAU: (bei Bischofsmais), gegründet um 1580, stillgelegt um 1800.

SCHÖNBRUNN: gegründet 1599 (Hans Kürschner), stillgelegt 1876 (P. L. Krailsheimer, Fürth.).

REICHENAU: (Wechsel-Standort Alt-, Neureichenau), gegründet um 1610 (Achatz Reichenberger), stillgelegt um 1800 (Familie Göschl).

BUCHENAU: gegründet 1629 (Preißler-Hütte, Hilzen-Hütte), stillgelegt 1927 (Ferdinand von Poschinger).

Buchenau um 1925

JUNGMEIERHÜTTE: um 1640 bis um 1700 (Poschinger, Zwieselau).

SEEBACHHÜTTE: (bei Bayer. Eisenstein), gegründet 1790, verlegt 1901 nach Neustadt (Frank).

LAMBACH: 1806 gegründet von Franz von Baader — Tafelglashütte — ERFINDUNG DER GLAUBERSALZ-SCHMELZE MIT DR. GEHLEN (Ersatz für die waldfressende Pottasche), viele wirtschaftliche Schwierigkeiten, Verpachtung an Poschinger Zwieselau, 1836 Übergang an Samuel Hechinger und Gabriel Hirsch, 1939 Tritschler & Co, Stuttgart, spä-

ter Eintritt von Winterhalder, 1904 Produktion verlegt nach Neustadt — Lambach bis 1910 bestanden.

SCHWARZENTHAL: (bei Bischofsreuth), — Spiegelglaserzeugung — gegründet 1820 (Ludwig Hermann von Stachelshausen), stillgelegt 1859 (Therese von Stachelshausen).

SCHÖNBACH: bei Bodenmais, gegründet 1822 von Heinrich Gareis, 1874 betrieben von Franz Schrenk — Spiegelglas — 1899 stillgelegt.

LUDWIGSTHAL: gegründet 1826 (Abele), 1928 Stillstand, 1948 Wiedergründung, 1975 in Betrieb (Hans Alteneder).

Theresienthal um 1850

SPIEGELHÜTTE: Zweigwerk von Buchenau und Theresienthal, 1834—1926.

THERESIENTHAL: gegründet 1836, 1975 in Betrieb (Max Ganghofner / Hutschenreuther AG).

LICHTENTHAL: bei Zwiesel, 1863—1883 (Gebrüder Stangl).

ARNBRUCK-DRACHSELSRIED-POSCHINGER-HÜTTE, gegründet 1864 von Johann Michael von Poschinger, stillgelegt 1893 — Tafelglashütte.

ZWIESEL: (Annathal), gegründet 1872, 1975 in Betrieb (Schott-Glaswerke), 1964 Bleikristallglasfabrik Klokotschnik, 1975 in Betrieb.

Mehrere Ortsnamen lassen, ohne nähere Hinweise, auf weitere Glashütten-Standorte im Bayerischen Wald schließen. Wenn auch hier die klare Geschichte noch aus- und den Heimatkundlern ein dankbares Forschungsfeld bevorsteht, so darf mit Wahrscheinlichkeit angenommen werden, daß es sich hierbei überwiegend um Flußhütten zur Pottasche-Gewinnung, oder untergeordnete „Nebenhütten" mit Kleinstöfen, (zwei-drei Häfen) handelt, die ausgleichend, bei Ofenbauten der Haupthütte oder absatzstarken Zeiten betrieben wurden.

Spiegelhütte um 1930

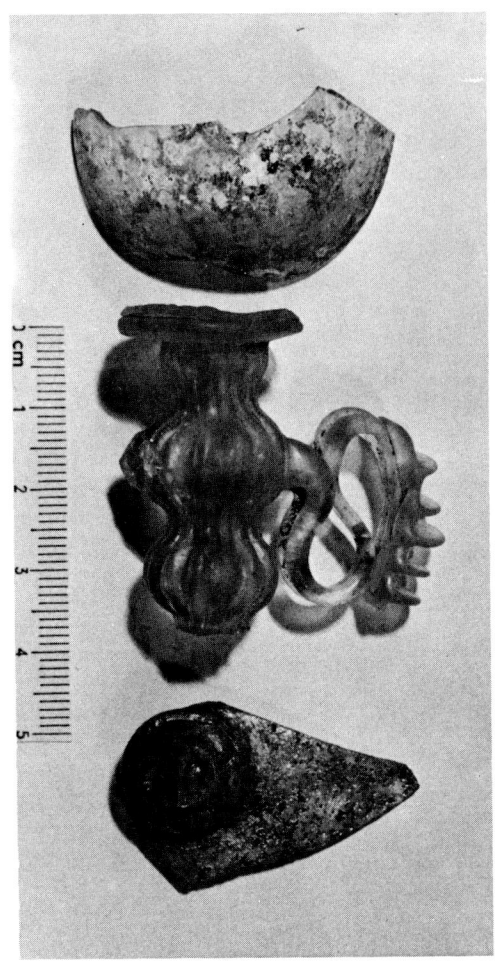

Genauigkeit und Gefühl: wichtige Voraussetzungen
für den Hohlglasfeinschliff, der auch von Frauen
trefflich ausgeführt wird.

Waldglaserzeugnisse aus dem 17. Jahrhundert.
Fragmente gefunden in Althütte bei Frauenau

Bleikristall —
von zeitlosem Wert!

Verflechtungen mit dem Böhmerwald

Wenn auch der Hauptkamm des Bayerischen Waldes jahrhundertelang mit dem Böhmerwald den gleichen Namen trug und beide Teile des Waldgebirges viele geologische, geographische und historische Gemeinsamkeiten haben, so blieb ihnen dennoch stets eine deutliche Eigenständigkeit. Und dies nicht nur wegen vorhandener politischer Grenzen. Die Entwicklung des Glasgewerbes aber war von Anbeginn nach Art und Umfang gleichgelagert. Verwandtschaftliche Beziehungen der Glashüttenmeister schufen dabei besondere Verbindungen. Insgesamt hatten die Böhmerwaldhütten mit ihrer staatlichen Zugehörigkeit zum Produktionsland des „Böhmischen Kristalls" durch dessen Leistung und Ruf einiges voraus. Daneben schienen sie Vorteile zu haben, die von den Glasfabrikanten des Bayerischen Waldes etwas konkurrenzneidig betrachtet wurde. So ist ein Klageton unüberhörbar, den Benedikt von Poschinger auf Oberzwieselau einem Schreiben unterlegte, das er an den Generalkommissär und Regierungspräsidenten Dr. von Rudhart zur Veröffentlichung in dessen Industrie-Darstellung von 1835 übermittelte:

„Das Verhältniß der hiesigen Fabrikation, gegen jene der böhmischen Fabriken wird an sich selbst von keiner großen Verschiedenheit seyn. Was diesen zu Gunsten kömmt, ist billigere Löhnung des Personals, wohlfeileres zum Theile besseres Material, Ueberfluß und Auswahl an Arbeitern; an welche sie durch keine Bande gebunden sind; und, was ihnen besonders viele Vortheile gewährt, die großen Glashandlungen, die in allen Orten und Welttheilen ihre Handlungsverbindungen haben, im Vereine mit der großen Menge von Schleifern, Malern, Glasschneidern, die alle selbständig für den Handel arbeiten, und fast ganz allein große den Städten ähnliche Dörfer und Flecken bevölkern.

Diese wesentlichen Vortheile, die aus der Vertheilung der Arbeit hervorgehen, entbehrt der bayer. Glasfabrikant gänzlich, und ist dagegen genöthigt, nicht nur für Fabrikation des Glases, sondern auch für dessen Veredelung durch schleifen, schneiden und malen, und das dazu erforderliche Personale und ebenso auch wieder als Kaufmann für dessen Absatz zu sorgen; und so ein Verhältniß herbeizuführen, das seine Thätigkeit zu sehr von seinem eigentlichen Fache der Produktion des Glases abzieht, und seine intellektuellen und pekuniären Kräfte zu sehr vertheile, um etwas ganz Vollkommenes zu leisten, wenn ihm auch nicht überdieß noch die jetzige Gesetzgebung, wegen Annahme des zu so vieler Arbeit unentbehrlichen Personals als ein beinahe unübersteigliches Hinderniß im Wege stünde.

Daß ich meine Gläser von Königsberg bis Antwerpen, und von Stettin bis Genf versende, ist ein Beweis, daß bayerisches Glas in allen Ländern des deutschen Zollvereines Absatz finden kann, und daß die Fabrikation desselben zu einer Bedeutenheit gebracht werden kann, die man jetzt nicht ahndet.

Auch bedarf es keiner Einmischung der Regierung, wohl aber jener Freiheit, jenes laissez nous faire, ohne welche noch nirgends Gewerbe und Handel etwas anders wurden als Gewächse, die niemals der pflegenden Hand des Gärtners entbehren, und jedem scharfen Winde unterliegen.

Erleichterung der Transporte, Zugänglichmachung aller Urstoffe zur Fabrikation, Möglichkeit, das zur Fabrikation nöthige Personale ohne große Kosten und lästige Bedingungen zu erhalten, genügen, um einen Fabrikationszweig der nach langjähriger Erfahrung und Berücksichtigung aller Umstände für die Gegend angemessen ist, auf jene Höhe zu bringen, deren er bei so günstigen Verhältnissen, wie solche früher noch nie waren, fähig ist." — — —

Die gesetzlichen Beschränkungen der Anwerbung böhmischer Glasarbeiter wurden in der Folgezeit erleichtert. Inwieweit einzelvertragliche Abmachungen den Hüttenherren gestatteten „das zur Fabrikation nöthige Personale ohne große Kosten und lästige Bedingungen zu erhalten", läßt allerdings nachstehender Aufnahme-Vertrag nicht erkennen:

Karl Blechinger in Leonorenhain wird von der Theresienthaler Krystallglasfabrik unter vorstehenden Bedingungen als Schleifglasmacher aufgenommen.

1. Karl Blechinger erhält einen Hafen, resp. Werkstätte Lohngeld u. für das Schock Glas 60 Pf. / sechzig Pfennig / 6 Pf. / sechs Pfennig / für Absprengen

2. Eine Wohnung und ½ Tagwerk Feld u. ein Tagwerk Wiese zur unentgeltlichen Benützung.

Dagegen verpflichtet sich Karl Blechinger seine Arbeit fleißig u. gewissenhaft auszuführen, treu u. ordentlich Aufführung zu pflegen und den Anordnungen seiner Vorgesetzten pünktlich und ohne Widerred nachzukommen.

Der Eintritt in seine jetzige Stellung hat wowöglich bis 15. August d. J. zu geschehen. Als gegenseitiger Kündigungstermin ist 4 Wochen festgesetzt.

Theresienthal, 1. August 1880
Theresienthaler Krystallglasfabrik
M. v. Poschinger

Für Glasmacher einer Böhmerwald-Hütte handelte es sich hier offensichtlich um ein interessantes Angebot. Die Arbeitszusage wurde von der Bayerwald-Glashütte postwendend bestätigt:

Theresienthal, den 8. August 1880
Herrn Karl Blechinger in Leonorenhain.

Antwortlich Ihres u. Pongratz Zwiesel vom 4. d. M. finden Sie in der Anlage auch M. 150! — Vorschuß.

Wenn Sie 4 Wochen Kündigung haben, so kündigen Sie u. Pongratz sofort u. trachten Sie so bald als möglich hierher zu kommen. Wenn Sie noch 4 Wochen bleiben müssen, so kommt Pongratz dann ohnehin von seiner Militärübung zurück. Können Sie aber früher kommen und kann ich deshalb früher einwärmen, so läßt sich für Pongratz die Sache vermitteln. Somit bekommt für Reisekostenvergütung die Werkstatt M 25,— / Mark Zwanzigfünf /

Ich erwarte nun Ihre Antwort, wann ich Ihnen das Übersiedlungszeugnis schicken soll.

So grüßt Sie bestens
Mich. v. Poschinger

Gegen Ende des 19. Jahrhunderts nahm mit der wachsenden Industriealisierung des Glasgewerbes und dem damit verbundenen Arbeitskräftebedarf, die Anwerbung von Facharbeitern aus dem Böhmerwald kräftig zu. Ein Hauptzielort war dabei das idyllische Eleonorenhain mit seiner renommierten Glashütte:

So schrieb der Betriebsleiter der Hohlglasfabrik von Oberfrauenau:

Frauenau, den 9. Sept., 1892
Herrn Josef Schuster, Glasmacher
Eleonorenhain/Böhmen

Wie Ihnen ohnedies bekannt ist, wäre bei uns eine Glasmacherstelle zu besetzen und wären wir geneigt, selbe durch Sie auszufüllen und nehmen auf die mündliche Unterredung mit Unterzeichnetem höfl. Bezug, wobei wir Ihnen nochmals mitteilen, daß vacante Glasmacherstelle keine direkte Schleifglasmacherstätte ist, sondern der betreffende Glasmacher auch Ordinärglas, wenn auch nicht viel, zu machen hat.

Wollen Sie diese Stelle einnehmen und sich auch auf Ordinärglas einarbeiten, so kann Ihr Eintritt hier sofort erfolgen. Da wir Sie nicht genauer kennen, so müßten Sie 2—3 Arbeiten „Probearbeit" machen und würde von den Probearbeiten erst das feste Engagement abhängen. Für Reisespesen etc. hieher leisten wir Ihnen jedoch keinen Ersatz.

Sind Sie geneigt, diese Glasmacherstelle anzunehmen, so sehen wir Ihrer Ankunft entgegen.

Mit Gruß: Gistl!

Eleonorenhain (1930)

Eine enge Verbindung bestand auch zum Ort Unterreichenstein mit seiner Glashütte Klostermühle, die unter ihrem Besitzer Ritter Max von Stein als Firma „Johann Lötz Witwe", die wertvollsten Jugendstilgläser Böhmens erzeugte. In die fünf km davon entfernt liegende Ortschaft und Hütte Annathal ging folgendes Schreiben:

In den Jahren vor dem zweiten Weltkrieg sind viele böhmische Glasarbeiter als Wochen-Pendler in den Bayerwaldhütten beschäftigt gewesen. Die Betriebe unterhielten dafür Schlafsäle, die in Frauenau 1939 für zwei Hütten mit etwa 100 Böhmerwäldlern belegt waren. Als Vertriebene kamen 1945 die meisten deutschstämmigen Glasarbeiter vom Böhmerwald in den Bayerwald. Sie haben sich heute voll integriert. Die Verbindung der beiden Glasgebiete aber ist durch den Eisernen Vorhang zerschnitten

Frauenau, den 27. Juni 1893

Herrn Josef Ketzer, Drechsler,
Annathal

Wie uns Glasmacher Anton Alferi, früher in Klostermühle, jetzt bei uns beschäftigt, sagt, sind Sie bereit zu uns als Drechsler zu kommen und sind wir gewillt, Sie als Drechsler zu engagieren. Unser bisheriger Drechsler tritt Samstag, den 1. Juli hier aus, weshalb Sie sogleich nach Empfang dieses Briefes kommen müßten, damit wir wissen, wie wir daran sind.

Die Drehbank gehört uns und bleibt stehen. Ihren Werkzeug schicken Sie unfrankiert per Bahn eventuell per Eilgut an unsere Adresse ab und werden wir für Sie die Fracht einstweilen auslegen. Bezügl. des Lohnes werden wir uns mündlich einigen und bekommen Sie, wenn wir mit Ihren Leistungen zufrieden sind, dasselbe wie unser jetziger Drechsler.

Teilen Sie uns sogleich mit, wann Sie bestimmt hier eintreffen event. telegraphisch. Bestimmt müssen Sie mit Ihrem Werkzeug längstens Freitag, den 30. Juni hier eintreffen und können Sie Ihre Familie später nachkommen lassen resp. abholen.

Sehen Ihrer umgehenden Nachricht und Ankunft hier entgegen.

Mit Gruß: Gistl!

Siegfried und Alfons Kralik, Ritter von Mayrswalden, kamen als letzte Privatbesitzer der Glashütte Eleonorenhain nach dem zweiten Weltkrieg als Heimatvertriebene nach Frauenau. Sie haben auch dort wieder für die Glasindustrie gearbeitet.

WIRTSCHAFTS-STRUKTUREN

Das alte Glasgewerbe

Die Glashütten bilden den ältesten Gewerbezweig im Bayerischen Wald. Sie haben für dieses vergleichsweise spät erschlossene Gebiet seit 600 Jahren eine außerordentlich große, wirtschaftliche Bedeutung. Es ist schwer vorstellbar, wie die Entwicklung dieses Grenzgebietes ohne sein Glasgewerbe verlaufen wäre. Dabei waren ihm zu allen Zeiten viele Probleme aufgegeben. Immer wieder aber gelang es unternehmensfreudigen Hüttenherren mit einem guten Arbeiterstamm dieses Gewerbe aufrecht zu erhalten. Für den Landstrich und seine Menschen ist Glas eine Existenzfrage; ein lebensnotwendiger Wirtschaftsfaktor mit unmittelbarer Wirksamkeit des Sprichwortes: „Glück und Glas, wie leicht bricht das".

In seiner Entwicklung hat das Glasgewerbe des Bayerischen Waldes naturgemäß zahlreiche von Politik, Technik, Wirtschaft und Verkehr bestimmte Phasen durchlaufen. Die ersten existenzfähigen Hütten entstanden mit vielen Schwierigkeiten im 15. Jahrhundert. Sie führten die einfache Waldglasmacherei ein. Vom 16. bis zum 18. Jahrhundert bildeten sich die Kristallisationspunkte der Glaserzeugung mit wichtigen Hütten, die im ortsnahen Umkreis an wechselnden Standorten arbeiteten. Diese Phase war von den politischen Wirren des Dreißigjährigen Krieges nachhaltig getrübt. Wachsender Holzmangel kennzeichnete das Ende dieser Periode.

Erst das 19. Jahrhundert brachte die Festigung und teilweise Begründung der Bayerwald-Glasindu-strie, so wie sie sich im fortentwickelten Zustand bis heute zu halten vermochte. Die Einführung der Gas-Generatoren nach Siemens-Siebert und die Kohle-Feuerung, legten den Grundstein zur industriellen Glaserzeugung.

Von großem Einfluß waren auch die gewandelten Verkehrsbedingungen. Jahrhundertelang wurde die Material-Anfuhr zu den Hütten von Ochsen- und Pferdegespannen bewerkstelligt; über kürzere Entfernungen war das noch relativ einfach. Problematischer wurde schon der Vertrieb gefertigter Erzeugnisse. Kraxenträger konnten nur die geringe Produktion aus den anfänglichen kleinen Hütten übers Land schaffen. Der Abtransport größerer Glasmen-

Josef Schopf mit seinem geschmückten Glasfuhrwerk in seinem Hof in Flanitz:
Bereit zur ersten Fahrt über die Donaubrücke in Deggendorf

gen und die Überbrückung weiterer Entfernungen waren nur von Pferdefuhrwerken zu bewältigen.

Schwere Planwägen mit kräftigen Pferden und erfahrenen Fuhrleuten brachten das Glas zu den Umschlagplätzen des In- und Auslandes. Sie waren oft wochenlang unterwegs und hatten dabei vielfach abenteuerliche Begebenheiten zu überstehen. Die Glasfuhrwerker haben als selbständige Unternehmer ihr Geschäft oft in einzelnen Familien durch Generationen betrieben.

Eine besondere Ehre widerfuhr dem Glasfuhrmann Josef Schopf von der Ortschaft Flanitz der Gemeinde Frauenau. Als am 28. November 1863 der Bischof von Regensburg die neue Maximilians-Donau-Brücke

in Deggendorf einweihte, durfte er mit seinem vierspännig gezogenen, festlich geschmückten Glaswagen als erster die Fahrbrücke überqueren.

Die Eröffnung der Eisenbahnlinie Plattling—Eisenstein im Jahre 1877 brachte den Glasfuhrleuten das Ende ihres Gewerbes. Auf dem Ruselabsatz bei Deggendorf hatten sie am 16. September 1877 ein letztes Fuhrleute-Treffen. Ihr schweres, aber auch gewiß einträgliches Geschäft, hat ihnen für die weiten Strecken die Eisenbahn abgenommen. Nach der Fertigstellung der Eisenbahnlinie Zwiesel—Grafenau im Jahre 1890 gab es schließlich auch keine Kurzstrecken mehr zu fahren. Verkehrsbedingungen und Technik haben das alte Glasgewerbe begraben. Eine neue Zeit setzte ein.

Industrielle Entwicklung

Mit der Änderung von Feuerungstechnik und Verkehrsmitteln vollzog sich der Übergang vom alten Glasgewerbe zur modernen Glas-Industrie. In einer Aufstellung, die Reichsrat Georg Benedikt von Poschinger aus Oberfrauenau der Publikation von Lobmeyr-Ilg-Boeheim zur Statistik der Glasindustrie übermittelte, zeigt sich im Jahre 1874 nachstehender Stand der Glashütten im Bayerischen Wald:

Arnbruck–Drachselsried: (G. B. von Poschinger, Frauenau)
1 Ofen mit Direkt-Feuerung. Tafelglas-Erzeugung.

Buchenau: (Ferdinand von Poschinger)
2 Tafelglasöfen mit je 8 Häfen; 1 Hohlglasofen mit 7 Häfen; Holz-Gasfeuerung nach Siemens.
Produktion: (jährlich) 3300 Kisten Tafelglas mit je 30 qm = 10 000 Ztr. — 14 000 Schock Hohlglas = 2600 Ztr. 62 Hüttenarbeiter; 18 Raffineure.

Klingenbrunn–Flanitzhütte: (Johann Lötz)
1 Ofen mit 8 Häfen. Holz-Gasfeuerung nach Siemens.
Erzeugung: 40 000 qm ordinäres Tafelglas.
18 Arbeiter.

Lichtenthal: (Gebrüder Stangl)
1 Ofen mit 9 Häfen. Holz-Gasfeuerung nach System Siebert.
Erzeugung: Ca. 3000 Ztr. ordinäres, farbiges und geschliffenes Hohlglas. 28 Hüttenarbeiter, 10 Raffineure.

Lohberghütte: (Franz Schrenk)
2 Öfen mit je 8 Häfen; Direkte Holzfeuerung.
Erzeugung: Ca. 3000 Ztr. Spiegelglas.
24 Hüttenarbeiter, 60 Schleifer, Polierer etc.

Oberzwieselau: (Benedikt von Poschinger)
1 Ofen mit 7 Häfen für Tafelglas; 1 Ofen mit 7 Häfen für Hohlglas; Direkte Holzfeuerung.
Erzeugung: ordinäres Hohlglas, Schleifglas, Kristall-

glas, Farbenglas jährlich 1230 baierische Zentner (1 bair. Ztr. = 56 Kilogr.), halbweißes und ganzweißes Tafelglas und Schockglas für Spiegelmanufacturen jährlich 2720 baierische Zentner.
46 Hüttenarbeiter, 8 Schleifer, 2 Graveure, 1 Glasmaler.

Schönbach b. Bodenmais: (Franz Schrenk)
1 Ofen mit 8 Häfen; 4 Strecköfen; 1 Temperofen; 1 Sandbrennofen.
Holz-Gasfeuerung System Siebert.
Erzeugung: Jährlich ca. 3600 Ztr. rohes, geblasenes Spiegelglas. 28 Hüttenarbeiter.

Schönbrunn b. Freyung: (P. L. Krailsheimer, Fürth)
1 Ofen für Spiegelglas und 1 Streckofen.
1 Ofen für Tafelglas und 1 Streckofen.
Direkte Holzfeuerung. 17 Arbeiter.

Seebachhütte b. Bayer. Eisenstein: (F. X. Nachtmann)
1 Ofen mit 7 Häfen; direkte Holzfeuerung.
Erzeugt größtenteils Lampencylinder und Ölbehälter.

Diese Betriebe mit zum Teil langer Tradition, waren am Ausgangspunkt der neuen, industriellen Fertigungs-Phase des Glases mit durchaus gesunder Wirtschafts-Grundlage am Start. Sie haben sich in den günstigsten Fällen bis in die Dreißiger Jahre des 20. Jahrhunderts gehalten. Teilweise wanderten sie in den Oberpfälzer Raum ab, wie Lohberg und Seebach; teilweise blieben sie gegenüber der maschinellen Flachglasproduktion auf der Strecke, wie Flanitzhütte, Schönbach und Schönbrunn. Die Hütten von Oberzwieselau und Buchenau brachten zwar in der Zeit des Jugendstils ihre Erzeugnisse zu Spitzen-Qualitäten; den harten Wirtschaftsbedingungen des 20. Jahrhunderts aber waren sie nur drei Jahrzehnte gewachsen.
Neben den vorerwähnten, mittlerweile stillgelegten Betrieben, waren im Jahre 1874 auch Riedlhütte, Spiegelau, Frauenau, Zwiesel, Theresienthal, Lud-

wigsthal und Regenhütte unter den produzierenden Bayerwald-Glashütten. Ihr seinerzeitiger Stand ist in die Firmen-Geschichte der gegenwärtigen Glasindustrie eingefügt. Sie haben in einem ständigen Anpassungs-Prozeß den Weg in die Glasfabrikation des 20. Jahrhunderts gefunden.

Wandlung der Energie-Versorgung

Die von Friedrich Siemens erfundene Regenerativ-Feuerung hat zunächst nur die Beheizungsart der Glasöfen verändert; nicht aber die dazu verwendeten Materialien. Holz war zwar kostbarer geworden, aber es blieb für die Waldglashütten lange Zeit billiger als Kohle. Es ließ sich im übrigen ebenso vergasen und damit für das Regenerativ-System nützen. Wenn auch die Hütten nacheinander von der direkten Beheizung der Glasöfen abgingen, so blieben sie dennoch lange Zeit beim Holz als überwiegendem Brennmaterial.

In einer Aufstellung, die er zur Begründung für alte Gehaltsforderungen an Ritter von Poschinger auf Schloß Oberfrauenau richtete, gab Isidor Gistl als Verwalter der Fabrik in Regenhütte nachstehende Verbrauchsberechnung, wie sie gegen Ende des 19. Jahrhunderts für alle Glashütten des Bayerischen Waldes repräsentativ sein dürfte:

1897:
1 Ofen, vom 1. 1. — 21. 9.
    188 Schmelzen à 18 Häfen = 3384 Häfen
1 Ofen, vom 23. 9. — 15. 12.
    70 Schmelzen à 14 Häfen =   980 Häfen
2 Öfen, vom 15. 12. — 30. 12.
    13 Schmelzen à 24 Häfen =   312 Häfen
                          4676 Häfen

1898:
1 Ofen, vom 1. 1. — 31. 12.
    262 Schmelzen à 24 Häfen = 6288 Häfen
                   Sa. 10964 Häfen

VOM 1. JANUAR 1897 BIS 31. DEZEMBER 1898 WURDEN IN REGENHÜTTE 10964 HÄFEN GLAS GESCHMOLZEN.

An Holz und Kohlen wurden verbraucht:
1897: Brennholz   M. 21651,00
       Kohlen   M. 6339,60
                Sa. 27990,60
1898: Brennholz   M. 22,492,40
       Kohlen   M. 9509,40
                Sa. 32001,80

ES WURDEN DAHER VOM 1. JANUAR 1897 BIS 31. DEZEMBER 1898 AN BRENNMATERIALIEN VERBRAUCHT:
                        M. 27990,60
                        M. 32001,80
                       Sa. 59992,40

WÄHREND DIESER ZEIT WURDEN 10964 HÄFEN GLAS GESCHMOLZEN, FOLGLICH KOMMT IN REGENHÜTTE 1 HAFEN GLAS AUF M. 5,47 ZU STEHEN.

An Stroh wurde verbraucht:
         1897   für M. 2120,00
         1898   für M. 2705,00
              Sa. M. 4835,00

ERGIBT EINEN STROHVERBRAUCH PRO HAFEN GLAS VON M. 0,65.

Diese Aufstellung für die beiden Jahre 1897 und 1898 zeigt, daß der wertmäßige Brennstoffverbrauch bei Holz mit 44143,40 Mark etwa dreimal so hoch war, wie der von Kohle mit 15849,— Mark. Interessant ist auch, daß an Verpackungsmaterial für die Erzeugnisse aus einem geschmolzenen Hafen Glas, Stroh im Wert von 65 Pfennig verbraucht wurde.

Nach dem ersten Weltkrieg gingen die Glashütten in großem Umfang auf die Verwendung von böhmischer Braunkohle als Brennmaterial über. Holz war nicht nur feuerungstechnisch ungünstiger, sondern mittlerweile auch teurer. Den ersten Glasofen des Bayerischen Waldes mit Ölfeuerung im Bayerischen Wald nahm im Dezember 1952 die Glashütte Valentin Eisch in Frauenau in Betrieb. Am 23. März 1970 setzte die Gasversorgung Ostbayern mit der Einweihung einer Flüssiggas-Luft-Mischanlage in Frauenau und der Inbetriebnahme der Gasleitung Riedlhütte — Spiegelau — Frauenau — Zwiesel — Ludwigsthal, einen Meilenstein in der Wirtschaftsgeschichte des Bayerischen Waldes. Der erste Schritt zu einem überregionalen Energie-Verbund-Netz wurde damit getan; die einzelnen Glasfabriken hatten sich daran nacheinander angeschlossen. Am 15. Juli 1974 schließlich sind die Verträge zur Anbindung der Insel-Gasversorgung an den internationalen Erdgas-Verbund unterzeichnet worden. Die Glashütten des Bayerischen Waldes werden ab Oktober 1975 mit einer 110 000 km langen Leitung an die Ferngas-Transit-Linie Forchheim—Waidhaus, und damit an das russische Erdgas angeschlossen.

SOZIALVERHÄLTNISSE

Gesundheitsgefahren

Die Beschwernisse des alten Glasgewerbes bargen für die darin Beschäftigten sicher eine Reihe von Gesundheitsgefahren. Freilich haben frühere Zeiten wenig differenziert zwischen allgemeinen und berufsbedingten Krankheiten. Erkennbar aber war immer die Gefährdung durch Quarzstaub für Pochermann, Schmelzer und Schleifer. Dazu kam die von Arbeitsweise und Werkstoff bedingte Unfallträchtigkeit. Im Grunde gab es schon in der alten Glasmacherei die gleichen Gesundheitsgefahren, wie sie neuzeitliche Arbeitsmedizin und Unfallverhütungs-Vorschriften vermeiden wollen.

Die Zerbrechlichkeit des Werkstoffes Glas bringt für die damit Beschäftigten vor allem Schnittverletzungen. Sie machen weit mehr als die Hälfte aller Unfälle in der Glasindustrie aus. Meistens sind sie verhältnismäßig harmlos, aber vielfach führen sie auch zu schweren körperlichen Schäden. Daneben stehen die allgemeinen Unfallgefahren, wie sie im Kontakt des Menschen mit Maschinen und Werkzeugen jeden Gewerbes auftauchen.

Berufsspezifisch für die Glasindustrie sind Silikose-Erkrankungen. Durch freigesetzte Kieselsäure aus dem Hauptbestandteil des Glases, Quarz, bilden sie für die Glasarbeiter mit der „Staublunge" die häufigste Berufskrankheit. Ungenügende Staubabsaugungen bei Rohstoff- und Gemengeaufbereitung sind große Gefahrenherde. Für den Schleifer war besonders früher die Verwendung kieselsäurehaltiger Poliermittel gefährlich. Bessere Arbeitsschutz-Maßnahmen haben die Silikose-Erkrankungen in letzter Zeit merklich eingeschränkt.

Sehr gefährlich sind Erkrankungen durch Bleiverbindungen und Bleistaub, von denen besonders mit Spritzarbeiten beschäftigte Maler betroffen werden; aber auch Gemenge-Aufbereiter und Schmelzer, deren noch größeres Gesundheits-Risiko beim Hantieren mit Arsen-Verbindungen liegt. Typische Berufskrankheiten der Glasschleifer mit ihrer Arbeit an ständig bewässerten Scheiben, sind Schleimbeutel-Entzündungen, Nervenquetschungen und Sehnenscheide-Erkrankungen.

Verhältnismäßig gering sind die Unfälle der Glasmacher, gemessen an ihrer bienenschwarmartigen

Emsigkeit auf der Ofenbühne. Es kommt hier gelegentlich zu Schnittwunden, Verbrennungen, Augenverletzungen durch Glassplitter und Zahnschädigungen durch zurückgestoßene Pfeifen. Das ungeschützte Exponieren der Augen gegenüber dem heißen Glas, verursacht ab und zu bei Glasmachern den „Feuerstar", dessen Anerkennung als Berufskrankheit allerdings vielfach Schwierigkeiten bereitet, da er leicht mit dem Altersstar verwechselt wird.

Seit 1938 regelt neben allgemeinen Unfallverhütungs-Vorschriften eine eigene „Glashüttenverordnung" die wichtigsten Gesundheits-Bestimmungen für die Beschäftigten in „Glashütten, Glasschleifereien, Glasätzereien, Glasmalereien, Glashafenfabriken und verwandten Betrieben." Die Ausstattung von Arbeitsräumen, Betriebseinrichtungen, Beschäftigungsverbote, ärztliche Untersuchungs-Verpflichtungen und überwachende Arbeitszeit-Regelungen sind hierin festgelegt.

Arbeitszeiten

Die ofentechnischen Bedingungen in den Glashütten, gestatteten jahrhundertelang keine exakten, regelmäßigen Arbeitszeiten. Unbeschadet von Sonn- und Feiertagen haben die Schmelz-Zeiten den Arbeits-Rhythmus bestimmt. Nachdem diese anfänglich bis zu 30 Stunden dauerten, waren auch die dazwischenliegenden Arbeitszeiten entsprechend lang. War die Schmelzzeit zu Ende, so hat die Hüttenglocke oder der von Haus zu Haus gehende Schürer die Glasmacher zur Arbeit gerufen; bei Tag und Nacht konnte dies geschehen. Je nach Größe der gefertigten Artikel dauerte das Ausarbeiten der geschmolzenen Glasmasse 14—21 Stunden. Bei durchschnittlich vier bis fünf Schmelzen pro Woche, lag die Wochen-Arbeitszeit zwischen 70 und 80 Stunden. Noch gegen Ende des 19. Jahrhunderts gab es eine wöchentliche Arbeitszeit von 65 Stunden.

Die alten Waldglashütten kannten im übrigen während eines Jahres lange Zeiten der Arbeitsunterbrechung. Sie waren von der Kurzlebigkeit der Öfen bestimmt, die nach 30 bis 40 Arbeitswochen immer wieder erneuert werden mußten. Natürlich waren diese Zeiten nicht bezahlter Urlaub, sondern erzwungene Freischichten des Glasmachers, die er mit geringer bezahlten Hilfsarbeiten beim Ofenbau überbrückte.

Die genau abgegrenzte und regelmäßige Arbeitszeit in der Glasindustrie setzte nach dem ersten Weltkrieg mit dem gesetzlichen Acht-Stunden-Tag und der damit verbundenen 48-Stunden-Woche ein. Am 1. Januar 1958 wurde die 45-Stunden-Woche, am 1. September 1961 die 43,5-Stunden-Woche und am 1. Januar 1963 die 42-Stunden-Woche eingeführt. Seit dem 1. Januar 1965 kennt die Glasindustrie die 40-Stunden-Woche mit fünf Arbeitstagen von Montag bis Freitag von jeweils acht Stunden. In den sprunghaften Arbeits-Rhythmus der alten Waldglashütten führte die moderne Maschinenglas-Fertigung zurück, die zwar auch nur 40-Wochenstunden arbeitet, aber mit ihrem kontinuierlichen Ablauf vom Glasarbeiter einen ständigen Zeitwechsel verlangt.

Regelmäßige und bezahlte Urlaubzeiten für die Beschäftigten des Glasgewerbes brachte erst das 20. Jahrhundert. Im Jahr 1941 lag der Jahresurlaub je nach Beschäftigungsdauer zwischen sechs und zwölf Tagen; 1974 waren es je nach Lebensalter 18—24 Arbeitstage.

Entlohnung

Die Glasarbeiter standen zu allen Zeiten in abhängigem Lohnverhältnis zum Hüttenherren. Ihre gesuchte Leistung sicherte ihnen zwar eine verhältnismäßig gute, soziale Stellung; von allzugroßen Privilegien, einer besonders festlichen Tracht oder dem getragenen Degen als Statussymbol, wie manch romantisierende Darstellungen berichten, kann indes nichts nachgewiesen werden. Fest steht, daß die Arbeiter in den Waldglashütten nur in den allerseltensten Fällen zu eigenem Grundbesitz kamen. Patriarchalische Verhältnisse haben ihnen zwar häufig ein kleines Stück Land pachtweise zum Halten von ein bis zwei Kühen oder Ziegen zugewiesen. Dazu kam gelegentlich als Naturalleistung mietfreies Wohnen in einem Hüttenhaus für meist mehrere Familien. Ansonsten aber blieb als Existenz-Grundlage für den Glasarbeiter immer der Barlohn. Seine Höhe wird für die Vergangenheit selten exakt, und vor allem nirgends genau im Kaufkraft-Vergleich, mitgeteilt.

Einen anschaulichen Maßstab gibt Josef Blau, wenn er berichtet, daß im Jahr 1624 in einer Glashütte die ausbezahlte Entlohnung der Arbeiter etwa die Hälfte des Verkaufspreises der Erzeugnisse ausmachte. Dieser Anteilsatz hat sich für die Mundblas-Glashütten der Gegenwart auf etwa 65 Prozent eingependelt.

Aus dem Jahr 1835 liefert die Erhebung Dr. von Rudharts Monatsverdienste für die einzelnen Tätigkeiten in den Glashütten. Da sie aber zwischen den Hütten zum Teil um das Doppelte schwanken, dürf-

Die Glashütte von Oberzwieselau um 1910

ten aus der Aufstellung wohl die Mittelwerte der tatsächlichen Entlohnung am nächsten kommen. So verdienten damals:

1 Glasmacher 30 bis 50 Gulden pro Monat
1 Schmelzer 40 bis 50 Gulden pro Monat
1 Schürer 7 bis 10 Gulden pro Monat
Schleifer und Schneider 30—40 Gulden pro Monat.

Die seinerzeitige Kaufkraft setzte Dirscherl in einer Untersuchung vom Jahr 1938 mit 1,80—2 Reichsmark pro Gulden an; heute könnte man daraus einen Guldenwert von etwa 6,— DM annehmen.

Glasmacher haben in der Regel immer im Akkord gearbeitet. Die Verdienstberechnung erfolgte nach Schock, die in der Stückzahl für die einzelnen Gläser nach deren Art und Größe, von 1—60 schwankte.

Heute ist der Leistungslohn für die Glasarbeiter in Tarifverträgen geregelt; sie bilden die Grundlage für die betrieblich vereinbarten Stück- oder Zeitakkord-Sätze.

Die Mindest-Wochenlöhne für Akkord-Arbeiter der Glasindustrie betrugen:

	1941:	1950:
Glasmacher	41,80 RM	62,88 DM
Glasmachergehilfe	31,68 RM	50,88 DM
Külbelmacher	18,24 RM	31,68 DM
Scheibenschleifer	31,20 RM	49,44 DM
Kugler, Maler, Graveure	33,60 RM	53,76 DM

	1960:	1974:
Glasmacher	123,75 DM	348,80 DM
Glasmachergehilfe	103,50 DM	316,40 DM
Külbelmacher	85,95 DM	290,00 DM
Scheibenschleifer	99,90 DM	311,20 DM
Kugler, Maler, Graveure	106,20 DM	317,20 DM

Die vorgenannten Löhne bilden die tarifliche Untergrenze. Auf Grund der Akkord-Leistung liegen

aber die tatsächlichen Löhne in allen Betrieben um 10 bis 40 Prozent darüber.

In der Hütte wird grundsätzlich nur im Gruppen-Akkord gearbeitet, während bei den Veredlern der Einzel-Akkord vorherrscht.

Keine Unterschiede zwischen tariflichen und effektiven Löhnen, gibt es in der Regel für die Zeitlohn-Arbeiter. Von wenigen Prämien abgesehen, entspricht hier der tatsächliche Verdienst, den ausgewiesenen Tariflöhnen:

Glasmacher-Wohnhäuser in Ludwigsthal

	1941:	1950:
Schmelzer	42,00 RM	63,65 DM
Handwerker	30,72 RM	48,96 DM
Einträger	11,20 RM	21,85 DM
Weibliche Hilfskräfte	15,36 RM	31,68 DM

	1960:	1974:
Schmelzer	127,20 DM	358,55 DM
Handwerker	98,55 DM	294,80 DM
Einträger	66,15 DM	241,60 DM
Weibliche Hilfskräfte	68,40 DM	233,20 DM

Zum Kaufkraft-Vergleich ist anzuführen, daß im Jahr 1974 kosteten: 1 kg Brot 2,— DM, 1 kg Schweinefleisch 9,— DM, ein guter Herrenanzug 300,— DM und ein Mittelklasse-Auto 10 000,— DM.

Die materielle Lage der Glasarbeiter hat sich nach dem zweiten Weltkrieg erheblich gebessert. Dies äußert sich nicht zuletzt darin, daß ein großer Teil der Glasindustrie-Beschäftigten von werkseigenen Mietwohnungen in Eigenheime umziehen konnte. Traditionelle Bindungen wurden dadurch verstärkt. Im übrigen dokumentieren lange Zeiten der Betriebszugehörigkeit eine überdurchschnittliche Firmentreue der Belegschaften in den Bayerwald-Glashütten; wohl aber auch den im Gebiet herrschenden, schwachen Besatz an gewerblichen Arbeitsplätzen, und die damit verbundenen eingeschränkten Möglichkeiten eines Stellenwechsels für die Arbeitnehmer.

Die Arbeitnehmerinteressen in der Glasindustrie werden seit 1949 von der Industriegewerkschaft Chemie-Papier-Keramik wahrgenommen. Sie übernahm diese Aufgabe vom Bayerischen Gewerkschaftsbund, der sie ab 1945 als Nachfolge-Organisation des Fabrikarbeiter-Verbandes ausübte, nachdem 1933 die „Arbeitsfront-Übernahme" erfolgte. Zuvor hatte sich seit 1890 unter teilweise sehr schwierigen Bedingungen der „Zentralverband der Glasarbeiter Deutschlands" um die Sozial-Belange

der Glasindustrie-Beschäftigten bemüht. In den Bayerwald-Glashütten war der Anteil der gewerkschaftlich organisierten Arbeitnehmer schon immer sehr hoch; er beträgt 1975 etwa 95 Prozent.

Waldglas aus dem 18. Jahrhundert:
als Ölgläser im Jahresbrauchtum verwendet

Ein so arbeitsintensives Gewerbe, wie die Hohl-, Kristall- und Bleiglasfabrikation, hat natürlich viele Nachwuchs- und Ausbildungsprobleme. Wenn sich auch die handwerkliche Glasmacherei früherer Jahrhunderte, weitgehend zur industriellen Fertigung wandelte, so verlangt das Prädikat „mundgeblasen und handgeschliffen" immer noch die geschickte Arbeitskraft des Menschen. Trotz vieler technischer Neuerungen werden dabei an Können und körperliche Leistungsfähigkeit der Glasarbeiter große Anforderungen gestellt.

Die Einführungen maschineller Produktionsmethoden hat eine Reihe bisheriger, konventioneller Glashütten-Tätigkeiten geändert oder verringert. Arbeitskräfte mit technischer oder rein überwachender Funktion haben im Automations-Prozeß die Aufgabe Pannen zu verhindern, ohne das gefertigte Produkt noch schöpferisch zu beeinflussen, wie der traditionelle Glasmacher. Neben einem Teil relativ kurz anzulernenden Arbeitnehmern, sind in diesem Bereich wichtige Schlüssel-Positionen mit hohen Ausbildungs-Anforderungen zu besetzen, da der Umgang mit so komplizierten Maschinen sehr viel technisches Können und Verständnis erfordert.

Die Arbeitskräfte der Glashütten mit Handfertigung unterteilen sich im wesentlichen in drei Gruppen:

1. *Hilfskräfte* für die verschiedenen Stufen von Produktion, Verarbeitung und Versand. Sie werden von ungelernten, oder für speziellere Aufgabe kurzfristig angelernten, Arbeitnehmern gestellt. Ausbildungs-Probleme gibt es in diesem Bereich nicht.

2. *Handwerker* zur Sicherstellung des, für einen neuzeitlichen Produktionsbetrieb notwendigen, technischen Ablaufes. Ihre Ausbildung erfolgt nach genauen Berufsbildern; ihre Tätigkeiten sind zum größten Teil in jede Industriesparte austauschbar.

3. *Glasfacharbeiter* für Herstellung und Veredelung von Hohl-, Kristall- und Bleikristallglas. Hier ist eine gründliche Ausbildung notwendig; die Wege hierzu sind nicht immer einheitlich.

Die alten Glashütten hatten sich ihren Nachwuchs in Eigenmethode herangezogen. Mit 12—13 Jahren kam der Lehrbub als Einträger in die Hütte und arbeitete sich über mehrere Jahre hinweg mit den verschiedenen Tätigkeiten am Ofen zum anerkannten Glasmacher empor. Hatte er Geschick und Glück, dann bekam er einmal eine Werkstelle und war schließlich selber „Meister".

Vielfach blieb die Glasmacherei ohnehin in der Familie; der Sohn war des Vaters Lehrbub.

Nach Josef Blau betrugen die Lehrzeiten im Jahre 1767:

fünf Jahre für Kreideglasmacher,
vier Jahre für Tafel- und Flaschenglasmacher,
drei Jahre für Spiegelglas- und Judenmaß-Spiegel (kleine Spiegel).

Die Arbeitszeit der Jugendlichen war mit jener der gesamten Hüttenleute stets gleichgeschaltet. Noch gegen Ende des 19. Jahrhunderts waren 60 Stunden pro Woche offiziell erlaubt. Selbstverständlich hatte der Lehrling, den früheren Verhältnissen entsprechend, alle niedrigen Nebenarbeiten in der Hütte zu leisten. Die gute Anleitung durch den Meister, aber noch mehr persönlicher Eifer und eigene Auffassungsgabe, bestimmten den Weg des Lehrbuben zum Glasmacher von früher; Merkmale, die im übrigen auch beim geregelten Ausbildungswesen der Gegenwart ihre Gültigkeit bewahrten.

Die derzeitige Glasindustrie kennt insgesamt 20 Lehr- und 9 Anlern-Berufe. Diese werden in ihren Ausbildungszielen natürlich ständig den sich wandelnden, technologischen Erfordernissen angepaßt. Auch das Berufsschulwesen ist entsprechend ausgebaut. Vom Teilzeitunterricht der früheren Jahre kam man schon im Jahre 1960 auf den Block-Unterricht. In geschlossenen Perioden wechselt hier die praktische Ausbildung des Lehrlings im Betrieb mit zusammengefaßten Wochen der theoretischen Wissensvermittlung in der Berufsschule. Eine genaue Prüfungsordnung beschloß die qualifizierte Facharbeiter-Ausbildung. Allerdings sind noch immer nicht in allen Betrieben ordnungsgemäße Ausbildungsverträge die Regel. Auch unterhält man nicht überall eigene Lehrwerkstellen. Seit 1970 werden mit finanzieller Unterstützung durch die Arbeitsverwaltung in einzelnen Betrieben nach Feierabend halbjährliche Facharbeiter-Lehrgänge durchgeführt, die es schon lange im praktischen Berufsleben stehenden Arbeitnehmern ermöglichen, eine ordnungsgemäße Prüfung abzulegen. Mehr als 300 Glasmacher und Veredler kamen auf diese Weise bisher zum Facharbeiterbrief.

Die für die Glashütten der Handfertigung maßgeblichen Lehrberufe sind der *„Hohl- und Kelchglasmacher"*, der *„Hohlglasfeinschleifer"*, der *„Glasgraveur"* und der *„Glasmaler"*. Sie alle haben eine dreijährige Lehrzeit. Wieviel junge Menschen sich künftig noch für diese Berufe entscheiden, wird letztlich auch die Zukunft des „kunstreichen Glasgewerbes" bestimmen.

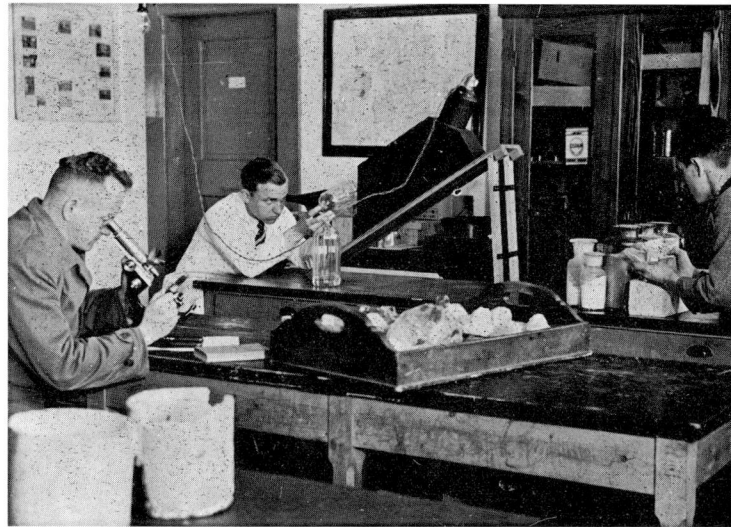

Im Laboratorium der Glasfachschule Zwiesel — 1938

Die Glasfachschule Zwiesel

Am 18. September 1904 erfolgte in Zwiesel die Einweihung der „Fachschule für Glasindustrie". In seinem hierzu gehaltenen Festvortrag bemerkte der Bibliothekar und Sekretär des Bayerischen Gewerbemuseums in Nürnberg, Professor Dr. Paul Johannes Rée: „daß aus dem Leben erwachsene und mit der praktischen Kunstübung in enger Verbindung stehende Fachschulen wie diese, das beste und wirksamste Mittel sind, um unserem Kunstgewerbe und unserer Kunstindustrie die zu ihrer gedeihlichen Entwicklung nötigen Kräfte zuzuführen und sie auf die Höhe zu bringen, die wir erstreben". Die Feststellungen haben sich bestätigt. Durch sieben Jahrzehnte

hat die Glasfachschule Zwiesel einen Großteil der Hoffnungen erfüllt, die man bei ihrer Gründung in sie setzte.

Am Anfang standen je eine Fachklasse für Glasmalerei und Glasgravur, Zeichen-Unterrichtsräume und ein chemisch-technisches Laboratorium, das auch als Versuchs- und Untersuchungsanstalt diente. Im Jahre 1912 wurde eine Abteilung für Glasschleiferei eingerichtet. 1917 erfolgte der Ausbau der chemisch-technischen Abteilung und die Abhaltung des ersten Jahreskurses für Glastechniker, der sich damals aus Kriegsbeschädigten zusammensetzte. Mit der Etablierung einer Abteilung für Industriezeichner und Kunstgewerbler, sowie ständig anwachsender Schülerzahlen wurden 1923 und 1926 weitere Erweiterungen notwendig.

Nach dem zweiten Weltkrieg begann eine neue Entwicklung. 1955 konnte eine Versuchsglashütte mit einem 3-Hafen-Ofen in Betrieb genommen werden und in den Folgejahren wurde die Schule mit baulichen Teilabschnitten neuzeitlich umgestaltet. Mit dem Schuljahr 1965/66 begann die Ausbildung von Glashütteningenieuren; sie ist seit dem Wintersemester 1972/73 mit der Abteilung „Werkstofftechnik Glas in Zwiesel" als Außenstelle in die Fachhochschule Regensburg integriert. Im Herbst 1974 wurde die Berufsschule des Landes-Fachsprengels „Glas" in Blockbeschulung für Schüler aus ganz Bayern der Fachschule Zwiesel angegliedert. Sie umfaßt seither als „STAATLICHES AUSBILDUNGSZENTRUM FÜR GLAS" nachstehende Abteilungen:

a) Fachschule für Glastechnik, Glasgestalter, mit viersemestrigen Lehrgängen, deren Abschluß ein staatliches Examen bildet.

b) Berufsschule mit beruflicher Ganztagsausbildung als Hohlglasfeinschleifer, Glasgraveur, Glasmaler, Glasinstrumentenmacher mit Facharbeiter-Abschluß.

c) Berufsschule für Schüler aus Glas-Industrie und Handwerk.

Durch diese Verbindung der drei Schultypen ist nicht nur das Ausbildungssystem „Glas" sinnvoll koordiniert, sondern auch guten Absolventen von Berufs- und Berufsfachschule die Weiterbildungs-Möglichkeit zum Glasgestalter oder Glashüttentechiker am gleichen Institut eröffnet.

Die Leistungen und die Effektivität der Glasfachschule Zwiesel waren in ihrer Geschichte sehr eng mit den dort lehrenden Persönlichkeiten verbunden. Gute Pädagogen finden sich darunter; vortreffliche Fachlehrer nahmen und nehmen Einfluß auf die künstlerische Entwicklung des Glases. Einen ausgezeichneten Platz in der Geschichte der deutschen Glastechnik belegte Professor Dr. Ludwig Springer, der von 1913 bis 1952 die chemisch-technische Abteilung der Fachschule leitete. Und als Glasgestalter

von internationalem Rang, der mit seinen Entwürfen vor allem auch die Glasindustrie des Bayerischen Waldes befruchtete, ist Professor Bruno Mauder zu nennen. Er war von den Gründungsjahren bis 1948 Direktor und künstlerischer Leiter der Schule. Ihm folgte interimsmäßig der Architekt Rudolf Rothemund und von 1952 bis 1956 der Keramiker Stefan Erdös. Seitdem fungiert Max Gangkofner in diesem Amt.

Eine seit Anbeginn im Jahre 1904 der Glasfachschule angeschlossene Abteilung für Holzschnitzerei, wurde 1953 aufgehoben. Die ursprünglich von der Stadt Zwiesel ins Leben gerufene „Fachschule für Glasindustrie" kam übrigens kurz nach ihrer Gründung in die Trägerschaft des Bayerischen Staates. Ihre Leistungen rechtfertigten die Prognosen die Johannes Rée bei seinem Eröffnungsvortrag im Jahre 1904 gestellt hat: „Zur rechten Zeit hatten es die Glashütten des Bayerischen Waldes erkannt, daß bei den im Laufe des 19. Jahrhunderts vollständig veränderten Produktionsverhältnissen es ihnen nur durch einen bedeutenden künstlerischen Aufschwung möglich sein würde, mit den an den großen Verkehrsstraßen gelegenen Glasfabriken erfolgreich in Wettbewerb zu treten, und daß sie sich nicht mehr durch gewöhnliche Gebrauchsware und Massenartikel, sondern nur durch gediegene Schöpfungen echt künstlerischen Gepräges auf dem Weltmarkte zu behaupten imstande wären. So taten sie alles um mit der echten Kunst in Fühlung zu kommen, und aus diesen Bestrebungen heraus erwuchs die Fachschule, deren Aufgabe es ist, das künstlerische Niveau derer zu heben, die in den Glashütten tätig sind".

Entwurfszeichnung
Oberzwieselau
um 1900

TRADITION UND FORTSCHRITT

Bayerwald-Glasgewerbe der Gegenwart

„Solange im Wald der Ofen brennt, hat's keine Not!"
(Glasmacherspruch)

Glashüttenmorgen im Bayerischen Wald

Die Glas-Industrie

Handarbeit ist das ursprüngliche Kennzeichen einer Glashütte. Die feurig-flüssige Masse wird mit einfachen Gerätschaften gestaltet; der Atem des Glasmachers formt durch die Pfeife frei oder modelbegrenzt die Gestalt der Hohlgefäße. Mit dem Glasmaler-Pinsel, am Schleif- und Gravurblock erfolgt die Veredelung: das Produkt ist „mundgeblasen und handgearbeitet".

Rentabilität verlangt rationelles Arbeiten und dieses wiederum führt auch in der Handfertigung zum industriellen Verfahren. So hat sich im 19. Jahrhundert das alte Glasgewerbe zur Glas-Industrie entwickelt. Alle Betriebe die Glas aus dem Schmelzofen unmittelbar produzieren, sind in diese Kategorie einzuordnen. Ihre Entwicklung ging mit jener der Glas-Technologie Hand in Hand.

Heute wird die Glasindustrie des Bayerischen Waldes von zehn Unternehmen getragen; allerdings mit Merkmalen von großer Bandbreite. So ergeben sich nachstehende

Ohne Bewertungs- und Rentabilitäts-Maßstäbe werden hierin die Struktur-Veränderungen in der Glasindustrie des Bayerischen Waldes gekennzeichnet. Diese Gesamt-Beschäftigtenzahl beträgt etwa ein Fünftel der rund 20 000 Arbeitnehmer in der Kristall- und Bleikristallglas-Industrie der Bundesrepublik Deutschland. An deren Gesamt-Umsatz-Volumen allerdings hält der Bayerische Wald fast 30 Prozent. Das große Schwergewicht der maschinellen Kelchglas-Produktion kommt darin deutlich zum Ausdruck.

Im Jahr 1973 erzielte die Glasindustrie des Bayerischen Waldes einen Umsatz von rund 164 Millionen DM. Davon haben erbracht:

1 Unternehmen ca. 55 Prozent
2 Unternehmen ca. 28 Prozent
3 Unternehmen ca. 10 Prozent
4 Unternehmen ca. 7 Prozent

Auch diese Zahlen sind nicht als Werturteile anzusehen; sie zeigen nur die Vielschichtigkeit eines Industrie-Bereiches, der von nachstehenden Unternehmungen gebildet wird:

Industriebetriebe und Beschäftigtenzahlen:

Firma: — Beschäftigte im Jahr:	1953	1964	1975
Schott-Zwiesel	600	1461	1836
Riedlhütte	250	388	670
Spiegelau	492	598	524
(Werk Frauenau — Gistl —)	500	503	126
Poschinger-Frauenau	404	389	231
Theresienthal	286	285	227
Eisch-Frauenau	47	200	209
Klokotschnik-Zwiesel	—	44	89
Ludwigsthal	176	133	79
Osterhofen	—	123	60
Regenhütte	372	164	58
Gesamt-Beschäftigte:	3127	4288	4109

BARTHMANN CRISTALL GMBH REGENHÜTTE (Schwesterbetrieb der Barthmann KG, Dorotheenhütte, Wolfach-Schwarzwald). Eigentümer: Deutsche Carborundumwerke GmbH, Düsseldorf (95%) Carborundum-International-Company, Genf (5%). Mundblasfertigung von weißem Hoch-Bleikristallglas (30 PbO) Oel-Feuerung. 1 Ofen mit 6 Häfen. 5 Glasmacher-Werkstellen. Veredelung in Schliff und Malerei. Säure-Politur-Anlage. Gesamtbeschäftigte: 58; davon 50 Arbeiter (7 Frauen) und 8 Angestellte (2 Frauen)

Begründer der Regenhütte war der am 9. Juni 1804 in Prag geborene Franz Wilhelm Steigerwald. Er hatte 1836 die Theresienthaler Krystallglasfabrik ins Leben gerufen; konnte 1844 einen langjährigen Holzlieferungs-Vertrag mit dem Rabensteiner Glashüttengut schließen und errichtete daraufhin 1845 die Regenhütte, deren Grundbesitz zusammen mit Schachtenbach er am 15. Januar 1847 auch käuflich erwarb. Nachdem Steigerwald 1857 seinen Theresienthaler Besitz aus wirtschaftlichen Schwierigkeiten verlor, konzentrierte er sich auf die Entwicklung und den Ausbau der Regenhütte. In Rabenstein bewohnte er eine Villa, von der Adalbert Müller 1862 in seiner Bayerwald-Schilderung überschwänglich feststellte, sie zeige „im Inneren mehr kunstsinnige Pracht, als mancher Fürstenpalast.

Firmen-Anzeige 1928

Die Glasindustrie-Statistik von Lobmeyr-Ilg-Boeheim schilderte 1874: „Regenhütte bei Zwiesel. Firma W. Steigerwald, gegründet 1845. 2 Öfen mit 20 Häfen. Holzgasfeuerung. System Siemens. Erzeugt Luxusglas, ca. 3000; ordinäres und Schleifglas 4000 Zentner. Hüttenarbeiter 60, Schleifer 50, Graveure, Maler 20".

Als Eigentümer der Regenhütte folgten nach Franz Wilhelm Steigerwalds Tod am 30. November 1869, seine Witwe Henriette bis zu ihrem Tod am 16. Juli 1872; der Sohn Wilhelm bis zu seinem Tod am 27. Juni 1880 und dessen Witwe Lucy, bis zu ihrem Tod am 27. November 1885. Anschließend konnten drei Geschwister die Regenhütte nicht im alleinigen Familienbesitz halten. Der agile Fabrikdirektor und spätere Kommerzienrat Anton Röck aus Zwiesel, wußte die Fabriken von Regenhütte und Ludwigsthal in der Firma „Wilhelm Steigerwald sel." zusammenzuführen und in die „Vereinigten bayerischen Cristallglaswerke AG" um die Jahrhundertwende mit einem weiteren Werk in Schliersee einzugliedern.

Nach dem ersten Weltkrieg wurde die Regenhütte wieder zur „Krystallglasfabrik Steigerwald"; zunächst als Einzelfirma unter Frau Marianne von Streber-Steigerwald und später als GmbH. In den Dreißiger Jahren arbeiteten die Professoren Jean Beck, München und Bruno Mauder, Zwiesel, als Entwerfer für sehr erfolgreiche Erzeugnisse der Regenhütte. Im Jahre 1953 zählte der Betrieb mit 372 Arbeitnehmern seinen höchsten Beschäftigungsstand. 1961 wurde der Name „Steigerwald" aufgegeben und nur mehr unter „Regenhütte GmbH" firmiert. Am 1. Juni 1965 übernahm der Glasfabrikant Walter Ummo Barthmann aus Wolfach im Schwarzwald den Betrieb und stellte ihn zur Ergänzungsproduktion auf hochwertiges Bleikristall seiner „Dorotheenhütte" um. Am 1. Januar 1970 schließlich wurden die beiden Barthmann-Betriebe von den Deutschen Carborundum-Werken, Düsseldorf-Reisholz aufgekauft.

Henriette und Franz Steigerwald;
die Gründer von Theresienthal und Regenhütte

GLASHÜTTE VALENTIN EISCH KG FRAUENAU
Eigentümer: Gebrüder Erich Eisch (Komplementär)
Erwin Eisch und Alfons Eisch (Kommanditisten)

Mundblasfertigung von weißem, überfangenem und farbigem Kali- und Bleikristallglas (24 PbO). Feuerung mit Generator- und Flüssiggas. 3 Öfen mit 20 Häfen; 16 Glasmacherwerkstellen. Hüttendekoration. Veredelung in Schliff und Malerei. Säure-Politur-Anlage. Gesamtbeschäftigte: 209; davon 200 Arbeiter (66 Frauen) und 9 Angestellte (6 Frauen).

Am 6. März 1946 gründeten Valentin und Therese Eisch, zusammen mit ihren Söhnen Erwin, Erich und Alfons, in einer ehemaligen RAD-Baracke in Frauenau einen Glasveredelungsbetrieb. Ständige Sorgen um den notwendigen Rohglasbezug veranlaßten eine Hüttengründung, die am 15. Dezember 1952 zur Inbetriebnahme eines Vier-Hafen-Ofens mit Oelfeuerung führte. Das junge Unternehmen zählte 1953 insgesamt 47 Beschäftigte. Auf der Deutschen Handwerksmesse im Jahre 1955 konte die Glashütte Eisch eine Goldmedaille für hervorragende Leistungen in Empfang nehmen. Am 4. Februar 1957 wurde in einem neuen Hüttengebäude ein Schmelzofen mit 12 Häfen und eine Generator-Gasanlage in Betrieb genommen. Der Belegschaftsstand war auf 103 Arbeitnehmer angewachsen; die Betriebsanlagen weiteten sich nacheinander aus. Am 1. Januar 1963 ging das Unternehmen als Kommanditgesellschaft in die Hände der drei Söhne des Firmengründers über. Erich Eisch übernahm die gesamte kaufmännische Leitung; Alfons Eisch blieb verantwortlich im Veredelungsbereich und Erwin Eisch prägte als Gestalter das hohe Qualitäts-Niveau der Hütte. Er führte dabei eine besondere Form des neuen Kunstglases ein. Einen weiteren Hütten-Anbau mit einem dritten Ofen vollendete die Firma am 26. Dezember 1972; aus dem kleinen Veredelungsbetrieb

wurde so in knapp drei Jahrzehnten eine der führenden Mundblas-Glashütten Deutschlands. Die Erzeugnisse werden ausschließlich im Inland abgesetzt.

BLEIKRISTALL-GLASHÜTTE
KARL KLOKOTSCHNIK, ZWIESEL
Besitzer: Karl Klokotschnik, junior

Mundblasfertigung von weißem und überfangenem Bleikristallglas (30 PbO) Ölfeuerung. 1 Ofen mit 3 Häfen; 5 Glasmacher-Werkstellen. Hüttendekoration; Glasschliff, Glasmalerei, Säure-Politur-Anlage. Gesamtbeschäftigte: 89; davon 80 Arbeiter (13 Frauen) und 9 Angestellte (3 Frauen).

Der Glasschleifermeister Karl Klokotschnik, senior, hat schon vor dem zweiten Weltkrieg im nordböhmischen Haida eine Glasraffinerie betrieben. Nach seiner Evakuierung gründete er 1946 in Zwiesel eine Schleiferei mit sechs Hohlglasfeinschleifern. 1951 bezog er mit 18 Arbeitern die ehemaligen Betriebsgebäude der Uhrensteinwerke in Zwiesel-Lenau. Zur damaligen Zeit schickte er seinen Sohn Karl Klokotschnik, junior in die Glasfachschule. Dieser ging nach seiner Ausbildung in mehrere Glas-Herstellungs- und Handelsfirmen des In- und Auslandes, ehe er 1964 eine eigene Glashütte neben dem Betrieb seines Vaters aufmachte. Mit großer Zielstrebigkeit und ausgesuchtem Qualitätsanspruch in der Produktion baute er eine individuelle Kollektion hochwertigen Bleikristalls auf, die er mit seinen Verkaufserfahrungen persönlich vertrieb. Am 1. Januar 1974 hat er die Veredelungs-Werkstätten seines Vaters in die Glashütte übernommen. Der Export-Anteil bei den Erzeugnissen der Bleikristall-Glasfabrik Karl Klokotschnik liegt bei 50 Prozent.

KRISTALLGLASFABRIK LUDWIGSTHAL
Besitzer: Hans Alteneder, Zwiesel
Pächter: Hans Neuberger, Eging

Mundblasfertigung von weißem und farbigem Blei-kristallglas (24 PbO) Oel-Feuerung — 1 Ofen mit 7 Häfen; 7 Glasmacher-Werkstellen. Hüttendekoration und Schliff-Veredelung.
Gesamtbeschäftigte: 79; davon 71 Arbeiter (18 Frauen) und 8 Angestellte (4 Frauen).

Der Böhmerwäldler Spiegelglasfabrikant Georg Christof Abele aus Neu-Hurkenthal bemühte sich ab 1825 um die Errichtung einer Glasfabrik in einem unwirtlichen Gelände nördlich von Zwiesel, genannt „Batzelreuthen". König Ludwig I. erlaubte „allergnädigst" kurz vor Inbetriebnahme der Hütte im Jahre 1827, den vom Gründer gewünschten Namen „Ludwigsthal". Bereits 1836 wird in einem Bericht „Über den Zustand der bayerischen Gewerbsindustrie" vom königlichen Zoll-Oberinspektor L. W. Schertel mitgeteilt: daß auf der „letzten Industrie-Ausstellung" in höchstem Grade Spiegelglas-Tafeln Bewunderung erregten: „Dieselben wurden auf der Glashütte Ludwigsthal, Landg. Regen im Unteren-Donaukreise, durch Strecken und Walzen unter der Leitung des durch hohe industrielle Intelligenz ganz ausgezeichneten Herrn Ferdinand Abele, Vormünder und Geschäftsführer der G. Chr. Abel'schen Relicten, erzeugt. Von diesen maß einer 7 Schuh 2 Zoll, einer 7 Schuh 9 Zoll und einer 8 Schuh 4 Zoll in der Höhe mit vollkommener verhältnismäßiger Breite; — Dimension — von welchen bisher weder im Vaterlande noch selbst in Böhmen Spiegelgläser gefertigt worden sind."

Die Hütte wurde nach dem Tod des Gründers Georg Christof Abele im Jahre 1833, von dessen Bruder Ferdinand, vormundlich für die hinterbliebenen 3 minderjährigen Söhne weitergeführt. Sie kam im Jahre 1861 an den Gutsbesitzer Josef Pauli aus Zwiesel. Die Lobmeyr'sche Glasindustrie-Statistik von 1874 berichtete: „Ludwigsthal bei Zwiesel. Firma Josef Pauli, gegründet 1826. 2 Öfen mit 16 Häfen. Holzgasfeuerung nach Siemens. Erzeugt Tafelglas ca. 300 Kisten a 30 Quadratmeter. Hüttenarbeiter 38."

Um die Jahrhundertwende gehörte Ludwigsthal zusammen mit Regenhütte und der Glasfabrik Schliersee zu den „Vereinigten bayerischen Cristallglaswerken AG" mit dem Sitz in München. Am 8. September 1925 wurde die „Glasfabrik Ludwigsthal GmbH" mit den Geschäftsführern Hans Alteneder, Zwiesel und Josef Meissner, Penzig, bei einem Stammkapital von 10 000 RM, in das Gesellschafts-Register des Amtsgerichts Deggendorf eingetragen.

Die Produktion lief allerdings sehr kurz; sie hat die wirtschaftlichen Krisenzeiten Ende der Zwanziger Jahre nicht überstanden.

Erst nach dem zweiten Weltkrieg wurden die stillgelegten Fabriksanlagen wieder lebendig. Die „Glashütte Bayerwald GmbH" versuchte ab 1948 als Lieferant von Hohlgläsern aller Art für die Veredler und Stangenglas für Schmuckwaren-Hersteller, in den einsetzenden Wirtschaftsaufschwung hineinzukommen. Sie brachte es 1953 auf 176 Beschäftigte; ging aber im gleichen Jahr in Konkurs.

Am 21. November 1955 wurde die Fabrikation von Hohlglas wieder aufgenommen. Direktor Rudolf Angerer war vom Hüttenbesitzer mit weitgehenden Vollmachten ausgestattet und führte den Betrieb zu neuer Blüte. Nach seinem Tod im Jahre 1967 wurde die Glashütte von Besitzer Hans Alteneder und seiner Tochter Katharina Brandl geleitet. Die Firma liefert etwa die Hälfte ihrer Produktion als Rohglas für Veredelungs-Werkstätten. Seit dem 21. April 1975 ist der Betrieb an Hans Neuberger aus Eging verpachtet.

NACHTMANN BLEIKRISTALLWERKE KG RIEDLHÜTTE

Eigentümer: Anton Frank (Komplementär) Anton Frank, jun. — Walter Frank und Evi Haisch (Kommanditisten).

Mundblaserzeugung von weißem und überfangenem Bleikristallglas (24 PbO) Flüssiggas- und Ölfeuerung 7 Öfen mit 36 Häfen; 32 Glasmacher-Werkstellen. Hüttendekoration; Verdelung in Glasschliff und Glasgravur. Säure-Politur-Anlage.

Gesamtbeschäftigte: 680; davon 650 Arbeiter (230 Frauen) und 30 Angestellte (12 Frauen).

Um 1450 entstand die „Hütte am Reichenperg"; urkundlich erstmals erwähnt mit einer Erbrechtsvergabe im Jahre 1503. Mitte des 16. Jahrhunderts erscheinen als Hüttenmeister Georg und später Wilhelm Riedl. In seinen Landtafeln hat Philipp Apian 1568 die Glashütte „Reichenperg" vermerkt. Eine wechselvolle Geschichte folgte mit Hüttenverlegungen nach Guglöd und Neuriedlhütte, mehreren Besitzern und mancherlei wirtschaftlichen Schwierigkeiten. Am 11. Mai 1833 verkaufte Anton Hilz das gesamte Glashüttengut für 110 000 Gulden an den Staat, der 1834 die Hütte für 14 000 Gulden an Hugo Gottlieb Roscher aus Regensburg weiterveräußerte. Dr. von Rudhart schrieb 1835: „Die Glasfabrik zu Riedlhütte im Landgerichte Grafenau verfertigte sonst blos Fenster- und Apothekerglas und war, obgleich im Besitze von 6137 Tagwerken schöner freieigenen Waldungen, nicht im lebhaften Betriebe. In neuester Zeit hat die Waldungen der Staat und von diesem wieder die Hütte, ein thätiger Fabrikant, Herr Roscher, erworben, welcher im Baue eines neuen französischen Ofens begriffen ist, und zur Zeit nur auf einem Ofen mit 6 Häfen arbeitet. Der Holzbedarf besteht in 2000 Klaftern, welche aus den Staatswaldungen pr. Klaftern zu 24 kr — 1 fl, das weiche, und bis 1 fl. 24 kr. das harte Holz bezogen werden, und statt der Potasche wird Glaubersalz verwendet. Das Fabrikat besteht in Tafelglas". Im Jahre 1874 heißt es in der „Lobmeyr-Ilg-Boeheim Statistik: „— Riedlhütte bei Grafenau, Baiern, Firma: H. G. Roscher seit 1834, gegründet um 1770. 3 Öfen mit 18 Häfen. Directe Holzfeuerung. Erzeugt gewöhnliches Fensterglas ca. 380 000 Kilogramm. Arbeiter 63". Von 1875 bis 1907 betrieben die Söhne Roschers, Hugo und Arthur, die Riedlhütte, wobei sie 1890/91 den Betrieb am jetzigen Standort neu errichteten.

Im Jahre 1907 wurde die Riedlhütte von Zacharias Frank, dem Alleininhaber der Glasfabrik F. X. Nachtmann / Neustadt an der Waldnaab, übernommen. Nach einer Zeit der Stillegung während des 1. Weltkrieges und schwierigen Anfangsjahren danach, wurde im Jahr 1923 die Fabrikation von Bleikristallglas begonnen. Seither ist die Riedlhütte in ununterbrochenem Betrieb; sogar ziemlich unbehelligt in den Jahren der Weltwirtschaftskrise 1929/32. Von Anton Frank, der im Jahre 1944 als Erbe seines Vaters Zacharias Frank, die Bleikristallglas-Fabriken in Neustadt und Riedlhütte übernahm, wurden nach dem zweiten Weltkrieg seine Betriebe systematisch modernisiert und erweitert. 1947 hatte Riedlhütte 170 Beschäftigte; 1953 waren es 250; diese stiegen im Jahre 1964 auf 388 und in den letzten zehn Jahren hat sich die Arbeitnehmerzahl des Betriebes nahezu verdoppelt. Riedlhütte spezialisierte sich ausschließlich auf Herstellung hochwertiger, mundgeblasener Bleikristallglas-Kelche und farbiger Überfangrömer.

HIPPOLYT FREIHERR VON POSCHINGER'SCHE KRISTALLGLASFABRIK FRAUENAU

Besitzer: Hippolyt Freiherr Poschinger von Frauenau, Präsident des Bayerischen Senats.

Mundblasfertigung von weißem, überfangenem und farbigem Kali- und Bleikristallglas (24 PbO). Flüssiggas-Feuerung. 2 Öfen mit 17 Häfen; 15 Glasmacher-Werkstellen. Hüttendekoration. Veredelung in Schliff und Malerei. Säure-Politur-Anlage.

Gesamtbeschäftigte: 231; davon 213 Arbeiter (60 Frauen) und 18 Angestellte (5 Frauen).

Firmen-Anzeige 1928

Am 18. März 1605 kaufte Paulus Poschinger von Frau Barbara Niederndorffer die Glashütte „Unserer Lieben Frauen Aue samt Zubehör". Die längste Glashüttentradition im Familienbesitz in Deutschland, wenn nicht der ganzen Welt, nahm damit ihren Anfang. Frauenau war schon zu Beginn des 15. Jahrhunderts ein Glashütten-Standort. Eine Urkunde von 1420 nennt „Hans Ernst, Gloser an dem Frawnperg"; die Hüttenmeister Balthasar Pfahler und Sigmund Frisch tauchen später bei Grundstücksveräußerungen auf und der Kartograph Philipp Apian schrieb 1568: „Au. Grundbesitz und Fabrik, in welcher die allerfeinsten Spiegel geblasen werden, am kleinen Regen gelegen". Dem Wechselprinzip der alten Waldglashütten gehorchend, wanderten die Frauenauer Hütten im engen Umkreis zu unterschiedlichen Standorten. Mit der Erzeugung von Hohl- und Tafelglas unterlag auch die Produktion vielfältiger, wirtschaftlicher Schwankungen.

Im Jahre 1835 schildert Dr. von Rudhart, daß Michael von Poschinger auf dem Glashüttengut von Frauenau mit 8000 Tagwerk Waldungen, zwei Hütten betreibe; nämlich die Neuhütte, mit „zwei deutschen Öfen mit 16 Häfen und ebenso vielen Arbeitern, welche nur Hohlglas verfertigen"; dazu als weitere Beschäftigte: 16 Eintragbuben, vier Schürer, vier Schürbuben, zwei Einbinder und zwei Schmelzer; sowie zur Veredelung des Hohlglases: drei Schleifer mit drei Gehilfen, zwei Glasschneider und ein Glasmaler. Auf der „alten Hütte" erzeugen drei Hauptarbeiter mit drei Gehilfen, zwei Schürer, zwei Schürbuben und ein Schmelzer „Tafel- und Solinglas aller Arten".

1861 betrieb Johann Michael von Poschinger in Frauenau 1 Tafelhütte mit 8 Tafelglasmachern und zwei Glasschmelzern; 1 Hohlglashütte mit 12 Hohlglasmachern, 2 Schmelzern, 2 Glasschleifern, 2 Glasschneidern und 1 Vergolder. Dazu für beide Hütten einen Pochermann und einen Kistenmacher. Außerdem waren zwei Schleifmeister und ein Poliermeister in der Spiegelschleife beschäftigt.

In der Lobmeyr'schen Glasindustrie-Statistik von 1874 findet sich unter Frauenau: Firma Georg Benedikt von Poschinger, 3 Tafelglasöfen mit 23 Häfen; 2 Hohlglasöfen mit 18 Häfen. Holzgasfeuerung System Siemens. Erzeugnisse: Tafelglas 5000 Kisten a 30 qm. Schockglas für Spiegel 300 Kisten. Hüttenarbeiter 400, Raffineure 11.

Im Jahre 1895 wurde die Glashütte von Oberfrauenau zum jetzigen Standort in Moosau verlegt; sie war dort von 1906—1923 an Isidor Gistl verpachtet. Nach dem 2. Weltkrieg wurden die Werkanlagen völlig erneuert und 1968 führte man als erste Hütte im Bayerischen Wald die Flüssiggas-Feuerung ein. Die vielfältige Produktion wird zur Hälfte exportiert.

117

SEIT 1605:
POSCHINGER'SCHE
GLASHÜTTEN IN FRAUENAU

1920

SCHOTT-ZWIESEL-GLASWERKE AG

Eigentümer: JENAer Glaswerk Schott & Gen. Mainz Mundblaserzeugung und vollautomatische Fertigung von weißem und farbigem Kali- und Bleikristallglas (24 PbO) Flüssiggas- und Ölfeuerung, 5 Öfen mit 25 Häfen; 19 Glasmacherwerkstellen.
3 Wannen mit 7 automatischen Fertigungs-Straßen.
Hüttendekoration; Veredelung in Schliff, Malerei, Siebdruck und automatischer Dekor-Ätzung. — Säure-Politur-Anlage.
Gesamtbeschäftigte: 1836; davon 1548 Arbeiter (328 Frauen) und 288 Angestellte (119 Frauen).

Im April 1872 hat der aus der Gegend von Winterberg im Böhmerwald stammende Hüttenmeister Anton Müller in Zwiesel den Bau einer Glashütte begonnen; am 1. Juli war der Dachfirst aufgesetzt und am 25. November des gleichen Jahres wurde Tafelglas geschmolzen. Dem Vornamen seiner Ehefrau zu Ehren nannte der Erbauer die Hütte „Annathal". In der Lobmeyr'schen Industrie-Statistik fand sich 1874 der Vermerk: „Firma A. Müller, gegründet 1872. 1 Ofen mit 7 Häfen. Holzgasfeuerung. Erzeugt grünes Tafelglas und etwas Solinglas ca. 14 bis 1500 Kisten. Arbeiter 20".

Noch in einer Aufzählung des „Gewerbes um 1877" im Markt Zwiesel erscheint Anton Müller als Glasfabrikbesitzer; kurz darauf aber wurde die Firma von den aus dem Rheinland kommenden Gebrüdern Gustav und Theodor Tasche übernommen. 1890 kam die Umwandlung in eine Aktiengesellschaft, die 1898 ihr Grundkapital auf 525 000 Goldmark erhöhte und sich gleichzeitig den Namen „Zwieseler Farbenglashütte, vorm. Gebr. Tasche AG" zulegte. Bereits ein Jahr später wurde daraus mit dem Erwerb der „Sächsischen Kathedral-Farbenglaswerke Müller, Krug & Co" in Pirna, die „Vereinigte Zwieseler und Pirnaer Farbenglaswerke AG".

Bis 1924 wurde in Zwiesel ausschließlich Flachglas erzeugt: Butzenscheiben, Antik-, Kathedral-, Mosaik- und Opaleszentglas, waren Spezialerzeugnisse mit bestem Ruf und Auszeichnungen; so bei der Londoner Weltausstellung von 1891 mit einem Grand Prix. Nach einer teilweisen Umstellung auf Kelchglasfertigung, verzichtete man 1931 ganz auf die Flachglasproduktion; wobei die kurz vorher als Hauptaktionäre eingetretenen „JENAer Glaswerke Schott & Gen." eine Programm-Aufteilung auf mehrere Werke in Deutschland vornahmen. Trotz baulicher Erweiterungen vor und während des zweiten Weltkrieges, kam der Betrieb 1945 zum Erliegen.

Im Jahre 1946 haben in den Fabrikanlagen der Farbenglaswerke in Zwiesel, 41 aus Ostdeutschland evakuierte Werksangehörige der „JENAer Glaswerke Schott & Genossen", mit der Produktion von optischem Glas den westdeutschen Neuaufbau des weltberühmten Unternehmens begonnen. 1951 übersiedelte das Werk nach Mainz; in Zwiesel verblieben noch einige Fertigungsabteilungen, die später stufenweise auch abgezogen wurden. Die „Farbenglaswerke AG" begann 1953 wieder mit der Fabrikation von Kristall- und Wirtschaftsglas; 600 Arbeitnehmer waren damals der Beschäftigtenstand.

Neben dem zügigen Aufbau einer leistungsfähigen Mundblas-Fertigung, ging das Unternehmen einen konsequenten Weg in die vollautomatische Kelchglas-Erzeugung. 1961 nahm man die erste, maschinelle Fertigungsstraße in Betrieb, unentwegt folgten Erweiterungen bis seit 1971 aus dem Werk der „größte Kelchglashersteller Europas" wurde. Die Aktionärs-Hauptversammlung beschloß am 28. Juli 1972 die Änderung der Firmenbezeichnung in „Schott-Zwiesel-Glaswerke AG"; diese Namenseintragung erfolgte am 17. August 1972 in das Handelsregister beim Amtsgericht Deggendorf.

Die seit 1971 auch Bleikristallglas (24 PbO) umfassende Schott-Produktion bietet im Sortiment: a) Trinkgläser; Kelchglasgarnituren und Spezialgläser für private Haushalte und die Gastronomie. b) Geschenkartikel; handgefertigte und mundgeblasene

119

Vasen, Krüge, Bowlen, Schalen, Rauchersets, Serviergeschirr und Ziergläser. Dazu wird seit Juli 1972 das gesamte Haushalts-Sortiment des „JENAer Glaswerk Schott & Gen. Mainz" vertrieben wie Koch-, Back- und Serviergeschirr aus Klarglas, Opalglas und Glaskeramik, feuer-frost-fest Schüsseln, Auflauf-, Brat-, Fisch- und Kuchenformen, Teller, Tassen, Krüge, Schüsseln und Partyschalen. Teegeschirr, Punsch- und Bowlengläser sowie Kindermilchflaschen.

Der Gesamt-Umsatz des Unternehmens betrug in den Geschäftsjahren

1971/72: 58,8 Mill. (25,6 Prozent Export)
1972/73: 79,2 Mill. (29,8 Prozent Export)
1973/74: 89,5 Mill. (31,4 Prozent Export)

Die Bilanz vom 30. September 1974 wies 38,9 Millionen Anlage- und 52,3 Millionen Umlaufvermögen nach. Das Eigenkapital hierin betrug 27,3 Millionen DM, bestehend aus 23 Mill. Grundkapital und 4,3 Mill. offenen Rücklagen.

Die industrielle Bedeutung und wirtschaftliche Potenz der „Schott-Zwiesel-Glaswerke AG" kennzeichnen nachstehende Strukturdaten: Jahres-Umsatz: 90 Millionen DM; davon 76,5 Prozent mit Trinkgläsern erbracht. Absatz-Markt: 9 Prozent Einzel-Fachhandel, 50 Prozent Großhandel, 10 Prozent Glashandwerksbetriebe ergibt gleich 69 Prozent Inlandsvertrieb. Die restlichen 31 Prozent der Produktion werden in nachstehende Länder exportiert: Italien,

Österreich, Niederlande, Frankreich, Schweiz, Belgien, Spanien, USA, Japan, Süd-Afrika. — Vertriebswege sind: 66 Prozent Bahn, 26 Prozent LKW, 8 Prozent Schiffe. Der monatliche Energie-Aufwand beträgt: 1,3 Mill. kWh Strom; 1,1 Mill. Liter Öl; 350 000 Nm³ Flüssiggas. An wichtigsten Schmelz-Rohstoffen werden monatlich benötigt: 610 Tonnen Sand; 150 Tonnen Soda; 80 Tonnen Pottasche und 120 Tonnen Kalk.

Im Jahre 1973 betrug die Gesamt-Produktion der „Schott-Zwiesel-Glaswerke AG" 65 Millionen Stück Gläser. Ein Jubiläum, wie es noch keine Glasfabrik der Welt begehen konnte, gab es im Oktober 1974: der 200-millionste Kelch „Neckar" wurde vom Band genommen.

KRISTALLGLASFABRIK SPIEGELAU GMBH
Eigentümer: Union Sils, van de Loo & Co, Fröndenberg / Ruhr.
Mundblaserzeugung von weißem und farbigem Kali- und Bleikristallglas (24 PbO)
Hüttendekoration; Veredelung Schliff und Malerei. Säure-Politur-Anlage.

WERK SPIEGELAU — 4 Öfen mit 20 Häfen; 15 Glasmacher-Werkstellen. Flüssiggasfeuerung. — Beschäftigte: 524; davon 453 Arbeiter (122 Frauen) und 71 Angestellte (22 Frauen).

WERK FRAUENAU — 1 Wanne mit 1 automatischer Fertigungsstraße. Flüssiggasfeuerung. — Beschäftigte: 126; davon Arbeiter 113 (13 Frauen) und 13 Angestellte (2 Frauen). Gesamtbeschäftigte des Unternehmens in den zwei Werken: 650.

Im Jahre 1521 wird Erasmus Mospurger als Besitzer der Spiegelglashütte in Spiegelau genannt. Urkundliche Erwähnung mit Sigmund Frisch, der Pfarrei Grafenau und einem Erbrechtsbrief durch Herzog Wilhelm V. folgen. Philipp Apian stellte 1568 „Spieglaw" bereits kartographisch dar. Dann reihen sich mehrere Besitzer- und Standortwechsel. 1601 wurde die Hütte nach Klingenbrunn verlegt; dort zog sie weiter nach Ochsenkopf, Althütte, Klingenbrunner Neuhütte und Flanitzhütte. Die Witwe Magdalena des Hüttenbesitzers Willibald Preißler heiratete 1689 Jakob Müller, einen Sohn des „Kreideglas-Erfinders" Michael Müller von der Helmbachhütte bei Winterberg im Böhmerwald. Am 11. April 1832 verkaufte Felix von Hilz das Hüttengut um 107 000 Gulden an den Bayerischen Staat; dieser veräußerte 1833 zwei Hütten ohne Waldungen für 16 000 Gulden an Paul Heinz aus Kleintettau und Josef von Meiern aus Mindelheim, die über Althütte im Jahre 1840 in Flanitzhütte landeten. Die Klingenbrunner Neuhütte hatten sie sofort an Anton Hellmeier aus Deggendorf weiterverkauft, der sie 1834 gleich nach Spiegelau verlegte. 1842 übernahm sie dort der Bierbrauer Anton Stangl aus Zwiesel, von dem sie 1863 sein Sohn Ludwig erbte. Die Industrie-Statistik von Lobmeyr-Ilg-Boeheim vermerkte 1874: „Spiegelau, Baiern. Firma Ludwig Stangl, besteht seit 40 Jahren. 1 Ofen mit 9 Häfen, Holzgasfeuerung. Erzeugt Schleifglas, ordinäres und grünes Hohlglas. Hüttenarbeiter 24. Schleifer 8, Vergolder 2".

In der Familie Stangl blieb Spiegelau bis 1908; nach einem kurzen Zwischenspiel der Eigentümer Anton Hilz und Ferdinand Dallmayer, kam die Firma 1912 in Liquidation und wurde stillgelegt. 1919 übernahm sie der Bing-Konzern in Nürnberg und von diesem 1926 Fritz Pretzfelder. Dieser führte den Betrieb in beträchtliche Höhe; mußte ihn aber 1939 im Zuge der Arisierung abgeben und ging in Emigration.

In den Kriegsjahren waren die Herren Beate und

von Schöppenthau Inhaber der Spiegelauer Glasfabrik; sie haben mit der Bildung des Protektorats Böhmen und Mähren auch die Glashütte in Klostermühle/Böhmerwald dazu übernommen. Nach dem Krieg folgten Jahre der treuhänderischen Verwaltung, bis 1949 der frühere Eigentümer Fritz Pretzfelder, nunmehr als Frederik Preston, wieder Besitzer der Glashütte in Spiegelau wurde. Jahre intensiven Aufbaus folgten; schon 1953 waren fast 500 Leute beschäftigt. Nach dem Tod von Frederik Preston am 31. 10. 1961 kam der Betrieb in das Eigentum seines Sohnes George, der ihn am 31. 10. 1962 an eine westdeutsche Filiale der Württembergischen Metallwarenfabrik, Geislingen verkaufte. Diese veräußerte im Sommer 1963 das Werk an die „Union Sils, van de Loo & Co, in Fröndenberg/Ruhr".

Ludwig Stangl:
selbstbewußter Glashütten-Besitzer
von Spiegelau (1890)

Firmen-Anzeige 1928

122

Karl Müller war vom 1. August 1884 bis Heute als Schürer in meiner Glasfabrik bedienstet, ist stets treu & fleißig gewesen & hat einer eine ordentliche Aufführung gepflogen sowie seiner Arbeit zu meiner Zufriedenheit nachgeführt.

Spiegelau 2. August 1890.

Lud. Stangl

Der Spiegelauer Hüttenherr bezeugt einem Arbeiter:
Fleiß, Treue und „ordentliche Aufführung"

Am 1. August 1970 wurde von der Kristallglasfabrik Spiegelau GmbH die ehemalige Kristallglasfabrik Isidor Gistl in Frauenau übernommen. In diesem Werk beschritt man den Weg in die maschinelle Hohlglasfertigung. Am 17. Juni 1971 lief dort mit einer Schmelzwanne eine automatische Fertigungsstraße für Kelchgläser an. Noch wenige Monate wurden an einem Hafenofen mundgeblasene Kelche und handgefertigte Geschenkartikel erzeugt. An Weihnachten 1971 war die Tradition der Mundblashütte beendigt. Ab Januar 1972 wurde der größte Teil der Frauenauer Belegschaft als Tagespendler zum Hauptwerk der Firma nach Spiegelau gebracht. Auf diese Weise vollzog sich als „Kristallglasfabrik Spiegelau Werk II" die Übernahme der ehemaligen:

Krystallglasfabrik Isidor GISTL in Frauenau

Die Geschichte dieses Werkes ist geprägt von Isidor Gistl, geboren am 19. Februar 1868 in Schweinhütt, wo seine Eltern Isidor und Therese Gistl, geb. Weber, eine Gastwirtschaft betrieben. Gistls Vater hatte um 1860 einige Jahre als Tafelglasmacher in Frauenau gearbeitet und verstarb in Regensburg, wo sein Sohn die Realschule besuchte. Schon als Zwanzigjähriger trat Isidor Gistl am 1. Oktober 1888 in leitende Verwalterdienste der Glasfabrik des Reichsrates Georg Benedikt von Poschinger auf Oberfrauenau. Er blieb dort bis zum 31. 12. 1893, um ab 1. Januar 1894 als Direktor in die Glasfabrik W. Steigerwald sel. nach Regenhütte zu gehen. Im Jahre 1906 schließlich pachtete er die Poschinger'sche Glashütte in Frauenau.

Schon im Jahre 1912 hat Gistl eigene Grundstücke in der Nähe der von ihm gepachteten Hütte erworben. Nach dem zweiten Weltkrieg errichtete er darauf vom 2. April 1923 bis zum 3. Mai 1925 seine eigene Glasfabrik. Die großzügige Anlage konnte er zum größten Teil mit selbstgedrucktem Inflationsgeld finanzieren. Immerhin machte er daraus innerhalb weniger Jahre eine hervorragend funktionierende Hohlglashütte, die stets zwischen 400 und 500 Arbeitskräfte beschäftigte. Für sie hat er mehr als 150 Werkswohnungen errichtet.

Isidor Gistl starb am 25. März 1950. Er hinterließ die wohlfundierte Firma seiner Frau in dritter Ehe, Pauline, geb. Bauer zum Alleineigentum, nachdem er seine Kinder aus erster Ehe aus der Betriebsnachfolge ausschloß. Gestützt auf eine gute Belegschaft und einen reibungslos florierenden, kaufmännischen und technischen Apparat, blieb die Firma im wirtschaftlichen Aufwind. Als Pauline Gistl am 4. Juli 1959 plötzlich testamentslos verstarb, kam der gesamte Besitz in eine 48-köpfige Erbengemeinschaft. Nach schwieriger Auseinandersetzung wurde die Hütte von der, auch zu den Erben zählenden, Familie Josef Meißner aus Konstein, in einer Kommanditgesellschaft weiter betrieben. Doch von Anbeginn war die Eigenkapitaldecke zu kurz. Trotz ununterbrochener Arbeit und guter Betriebsergebnisse mußte die Firma nach zehn Jahren abgegeben werden. Die Kristallglasfabrik Spiegelau übernahm sie, um aus der Mundblashütte eine automatisch arbeitende Glas-Produktions-Stätte zu machen. Diese floriert heute gut. Die Beschäftigtenzahl des Betriebes allerdings ist von 525 im Jahre 1965 auf 126 im Jahre 1975 abgesunken. Die Errichtung einer weiteren automatischen Fertigungs-Straße ist vorerst nur ein Hoffnungsschimmer.

Isidor Gistl 1868—1950

Jugendstil-Vasen
(Oberzwieselau) um 1900

KRYSTALLGLASFABRIK FRAUENAU
J. GISTL, FRAUENAU

Eine Glashütte des Industriezeitalters: von Inflationsgeld erbaut

THERESIENTHALER KRYSTALLGLAS- UND PORZELLANMANUFAKTUR GMBH
Eigentümer: Max Gangkofner, Zwiesel und Hutschenreuther AG, Selb (je 50%).

Mundblasfertigung von weißem, überfangenem und farbigem Kali- und Bleikristallglas (24 PbO). Flüssiggas-Feuerung.
3 Öfen mit 14 Häfen; 11 Glasmacher-Werkstellen. Hüttendekoration. Veredelung in Schliff, Malerei und Gravur. Säure-Politur-Anlage. Gesamtbeschäftigte: 227; davon 205 Arbeiter (47 Frauen) und 22 Angestellte (14 Frauen).

Die Fabrik entstammt dem Traditionsbereich der 1421 urkundlich erwähnten Glashütte von Rabenstein. Im Jahre 1836 wurde die „Königlich Privilegierte Krystallglasfabrik Theresienthal" als Aktiengesellschaft von deren Haupt-Anteilseigner und bevollmächtigten Direktor Franz Wilhelm Steigerwald in Betrieb genommen. Sie kam sehr bald in wirtschaftliche Schwierigkeiten und mußte am 6. April 1857 von einer Nürnberger Bank übernommen werden. Von dieser hat am 28. März 1861 Johann Michael von Poschinger aus Frauenau für seinen Sohn Michael, die Fabrik nebst Häusern und Grundstücken erworben. Der junge Poschinger heiratete am

9. Juni 1863 Henriette, die Tochter des Firmengründers Franz Wilhelm Steigerwald. 1874 vermerkte die Glasindustrie-Statistik von Lobmeyr: „Theresienthal bei Zwiesel, Firma: M. v. Poschinger, gegründet 1836, 1 Krystallglasofen mit 10 Häfen, 1 Tafelglasofen mit 8 Häfen. Holzgasfeuerung. System Siemens-Siebert. Erzeugt Hohlglas, Krystall- und Farbenglas, Tafelglas, gewöhnliches Fenster- und farbiges Glas. Arbeiter: Hohlglas 36, Tafelglas 15, Schleifer 50, Graveure 6, Maler 3".

Firmen-Signet 1928

Die Glashütte hat in den Folgejahren eine sehr fruchtbare und angesehene Qualitäts-Produktion entwickelt. Im Jahre 1897 ging der Betrieb auf Johann Michaels Sohn, Egon von Poschinger über. Von dem wiederum übernahmen seine beiden Söhne Egon und Hans im Jahre 1922 die Glasfabrik. Nach dem Tod seines Bruders Hans am 19. März 1951, führte Egon von Poschinger den Betrieb alleine, bis er am 1. Mai 1963, den Direktor der Glasfachschule Zwiesel, Max Gangkofner, als Teilhaber aufnahm. An diesen ging ab 1. Januar 1973 die Firma zum Alleineigentum über; mit einem Anteil von 50 Prozent kaufte sich schließlich im November 1974 die „Hutschenreuther AG, Selb" in das Unternehmen ein. Damit verband sich der größte europäische Hersteller von Geschirrporzellan aus Oberfranken, mit einer der traditionsreichsten Glashütten des Bayerischen Waldes. Der Bewältigung neuzeitlicher Wirtschafts-Anforderungen wurde auf diese Weise ein erfolgversprechender Ausgangspunkt gesetzt.

OSTERHOFENER GLASFABRIK
Besitzer: Hans Weiß

Mundblasfertigung von weißem Bleikristallglas (24 PbO) Ölfeuerung.
1 Ofen mit 5 Häfen; 5 Glasmacher-Werkstellen Hüttendekoration; Schleiferei.
Gesamtbeschäftigte: 60, davon 57 Arbeiter (10 Frauen) und 3 Angestellte (1 Frau).

Die in der Donaustadt Osterhofen befindliche Glashütte, liegt am Rande des Bayerischen Waldes; kann aber allen Voraussetzungen nach zum Wirtschaftsbereich dieses Glasgebietes gerechnet werden. Der Besitzer Hans Weiß stammt aus Frauenau, hat dort mehrere Jahre als kaufmännischer Angestellter in der Glasfabrik Gistl gearbeitet und betätigte sich nach dem zweiten Weltkrieg als selbständiger Kaufmann. Am 6. September 1959 hat er mit dem Aufbau einer Glasfabrik in Osterhofen begonnen und nach einer Rekord-Bauzeit von drei Monaten konnte er am 10. November des gleichen Jahres die Produktion von mundgeblasenem Hohlglas aufnehmen. Der Betrieb wurde schnell erweitert und zählte 1963 eine Belegschaft von 123 Arbeitnehmern. Die Fachkräfte waren überwiegend Bayerwäldler die in den 50-er Jahren in westdeutsche Glashütten abwanderten und nunmehr wieder nach Niederbayern zurückkehrten. Enge Exportverbindung zu Irland veranlaßten 1971 den Firmeninhaber die Glashütte an die „Merlin-Park-Glass GmbH" zu verkaufen; ein Geschäft das allerdings nach einem Jahr wieder rückgängig gemacht wurde. Seitdem betreibt Hans Weiß seine Fabrik in sehr rationeller Form als überwiegender Rohglaslieferant für handwerkliche Glas-Veredelungsbetriebe.

Glas-Musterkoffer um 1835

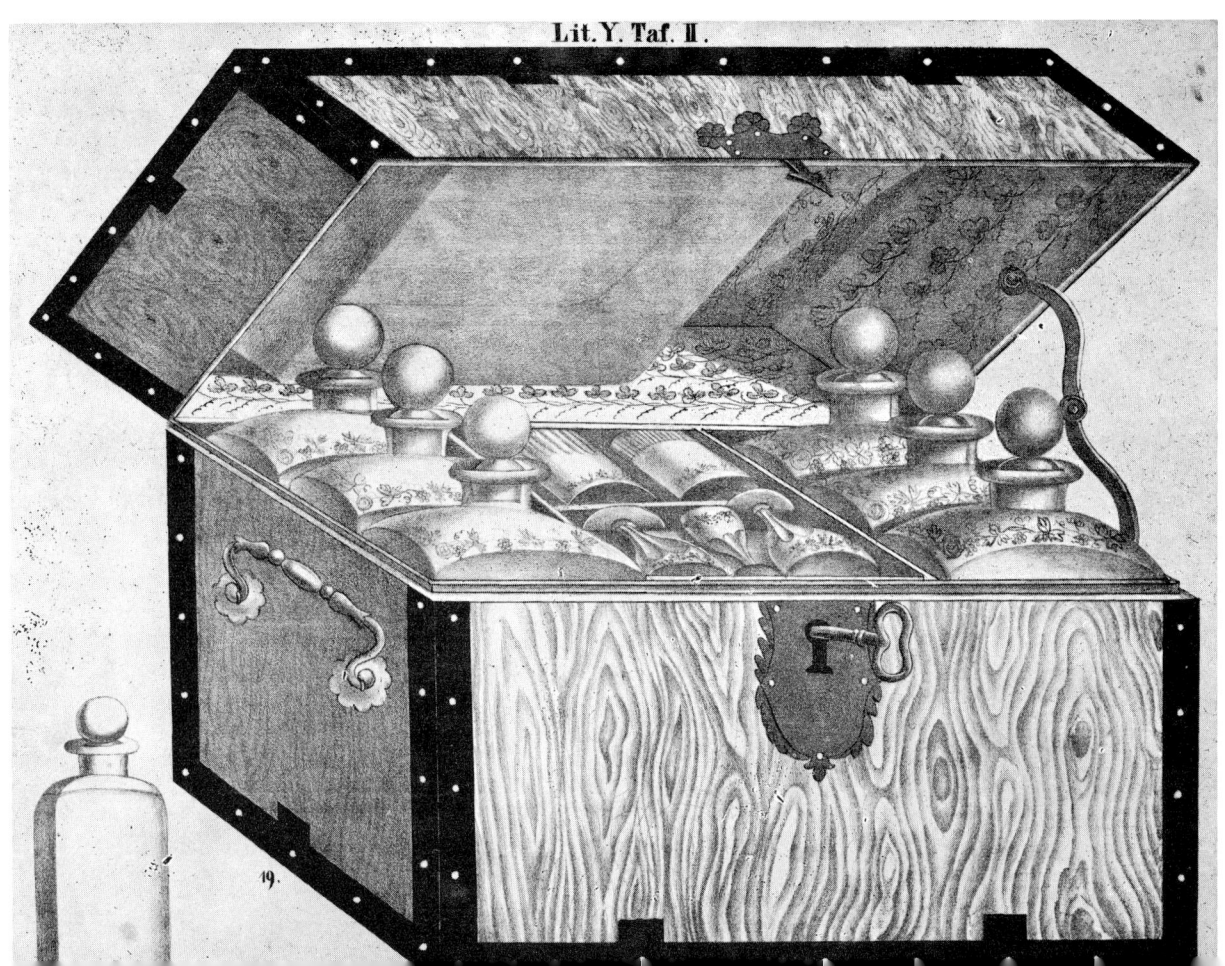

Professor Bruno Mauder,
Direktor der
Glasfachschule Zwiesel:
Lehrer einer Generation
von Glasgestaltern

Glasveredelungs-Handwerk

Eine bedeutende Stellung im Glasgewerbe des Bayerischen Waldes nimmt seit drei Jahrzehnten das veredelnde Handwerk ein. Hierin sind Betriebe zusammengefaßt, die Glas nicht selbst produzieren, sondern es durch Schleifen, Gravieren, Bemalen und Ätzen in seinem Aussehen verändern und damit im Werte steigern. Ihre Größenordnung ist unterschiedlich; sie reicht vom Einmannbetrieb bis zu Werkstätten mit 50 Beschäftigten. Die handwerkliche Glasveredelung erfüllt in der Regel einen hohen Qualitäts-Anspruch und greift vielfach in den kunstgewerblichen Bereich.

Die Tradition der glasveredelnden Handwerksbetriebe ist im Bayerischen Wald noch nicht von allzulanger Dauer. Dies rührt daher, daß früher die Hütten ihre erzeugten Gläser ausschließlich selbst veredelten. Sie unterhalten auch heute noch umfangreiche Veredelungs-Abteilungen. Selbständige Glasschleifer tauchen erst im 19. Jahrhundert auf. Auf der Industrie-Ausstellung von 1834 in München werden als Aussteller die Glasschleifer Maximilian und Michael Schmitzberger aus Grafenau und Georg Schiedermaier aus Zwiesel genannt. Bei der Münchener Industrieausstellung von 1854 finden wiederum: Georg Schiedermaier aus Zwiesel und aus Grafenau ein Ludwig Schmitzberger Erwähnung. Immerhin zählte man 1852 im alten Bezirksamt Regen 13 Glas-Veredler. In einer Gewerbe-Aufstellung von 1906 wurden in Zwiesel die Schleifereien Ludwig Schiedermeier und Ludwig Gaschler genannt; Letzterer findet sich auch noch in einem Verzeichnis von 1913. Zwischen den beiden Weltkriegen arbeiteten in Riedlhütte der Veredelungsbetrieb Markus von Freyberg und in Zwiesel die „Werkstätte für Kunst- und Ziergläser" des Leonhard Weiderer.

Die heutige, starke Gruppe von Glasveredlern im Bayerischen Wald, entwickelte sich erst nach dem zweiten Weltkrieg. Einen wesentlichen Anstoß hierzu gaben heimatvertriebene Schleifer, Maler und Graveure aus den traditionsreichen Glasgebieten Schlesiens und Nordböhmens. Ihre Existenzgründungen im glasveredelnden Handwerk haben auch einheimische Fachleute zu selbständiger Tätigkeit angeregt. Schwierigkeiten gab es dabei genug; insbesonders im Rohglasbezug, den die eingesessenen Hütten den Kleinbetrieben lange Jahre aus falscher Konkurrenzangst beträchtlich erschwerten.

Die fruchtbare Entfaltung des glasveredelnden Handwerks indes, war nicht aufzuhalten. Gerade die zunehmende Mechanisierung und Automation in der Glasindustrie, hat der handwerklichen Bearbeitung große Aufgaben zugewiesen. Der sprunghaft angewachsene Tourismus im Bayerischen Wald eröffnete zudem den Veredelungsbetrieben enorme Möglichkeiten des Direkt-Absatzes. Sie konzentrierten sich daher auch hauptsächlich in den Zentren des Fremdenverkehrs.

Zur gemeinsamen Interessenvertretung haben sich im Januar 1947 in Zwiesel 21 Handwerksbetriebe aus Bayern zum Landesinnungsverband des glasveredelnden Handwerks zusammengeschlossen. Sie waren überwiegend aus dem Bayerischen Wald. Die Innung hat nunmehr in fast drei Jahrzehnten in allen Standesfragen den Glasveredlern tatkräftige Unterstützung geleistet. Sie schloß sich 1973 an den Bundes- Innungs-Verband des Glashandwerks an, der 1975 etwa 500 Betriebe des Glaser-, Glasveredelungs- und Glasbearbeitungs-Gewerbes umfaßt. Aus dem Bayerischen Wald sind darunter nachstehende 23 Veredelungs-Betriebe mit 268 Beschäftigten, die mit hoher Wertarbeit einen bedeutenden Wirtschaftsfaktor dieses Gebietes darstellen:

AUSTEN-BLEIKSRISTALL OHG

Bodenmais, Bahnhofstraße 57—59
Werkstätten für Glasschliff, Glasgravur und Kron-
leuchter-Fertigung.
Verarbeitung von Bleikristall-, Farb- und Überfang-
glas. Montage und Dekoration von Beleuchtungskör-
pern mit Glasbehang. Privat-Versand und eigener
Laden-Verkauf. (32 Beschäftigte).

Im Jahre 1954 gründete der aus dem Sudetenland stammende Hohlglasfeinschleifer Franz Austen unter schwierigen Bedingungen in Bodenmais einen Ein-mannbetrieb für Glasveredelung. Eine sehr erfolg-reiche Entwicklung führte zu beachtlichen Werkstät-ten mit großen Ausstellungs- und Verkaufsräumen; Filialen entstanden in Berchtesgaden, Ruhpolding und Königssee. Im Jahre 1967 wurde der im Betrieb aus-gebildete Erich Kasparbauer 2. Bundessieger im glas-veredelnden Handwerk. Zwei Jahre später konnte Franz Austen jun. den gleichen Titel erringen, dem er 1974 als weitere Auszeichnung eine Goldmedaille der Bayerischen Staatsregierung hinzufügte. Altböh-mische Schlifftechniken bilden den Produktions-Schwerpunkt der Austen OHG.

GLASKUNST BULIN

Zwiesel, Hans Watzlik-Straße 11
Werkstätte für Glasschliff.
Verarbeitung von Bleikristall- und Überfangglas.
Privatversand und eigener Ladenverkauf.

Nach Kriegsende verschlug es den aus dem Riesen-gebirge stammenden Hohlglasfeinschleifer Erich Bu-lin nach Zwiesel. Dort legte er 1948 seine Meister-prüfung ab und gründete im gleichen Jahr einen Handwerksbetrieb für Glasschliff. Er beteiligte sich an vielen Ausstellungen des In- und Auslandes und erhielt ein besonderes Leistungs-Diplom in Marseille. Als geschützte Neuheit entwickelte Bulin den „Wel-

lenschliff" und die „Labyrinth-Welle". Dazu fertigt er als besondere Spezialität Fischmaul-Gefäße und Flammenschliff-Muster.

MARKUS VON FREYBERG

Inh. Franz Trs, Riedlhütte
Herstellung und Vertrieb feiner Glaswaren.
Verarbeitung von Bleikristall-, Farb- und Überfang-
glas. Lieferung an Fachhandel, Privatversand und
eigener Ladenverkauf. (5 Beschäftigte).

Im Jahre 1927 gründete Baron Markus von Frey-berg einen Glasveredelungsbetrieb in Riedlhütte, so wie er sie schon andernorts in Deutschland und Österreich besaß. Am 1. 1. 1965 übernahm der Glas-graveur Franz Trs die renommierte Werkstätte und erweiterte sie in einem schönen Neubau um ein La-dengeschäft. Die Betriebsnachfolge innerhalb der Familie ist durch den Glasgraveur Franz Trs jun. ge-währleistet. Alte Motive des Tiroler Glasschnitts und Barock-Gravuren sind die Spezialitäten der Meister-Werkstätte.

SANKT-GUNTHER KRISTALL

Erich Petzi, Rinchnach
Werkstätte für Glasgravur, Verarbeitung von Kali-
und Bleikristallglas, sowie Dekoration von Beleuch-
tungskörpern. Lieferung an Groß- und Fachhandel.

Der in Industrie und Fachschule ausgebildete Glas-graveur Erich Petzi gründete im Jahr 1966 einen Handwerksbetrieb für Glasveredelung in seinem Hei-matort Riedlhütte. 1970 verlegte er seine Werkstätte nach Regen und 1974 nach Rinchnach, dessen Grün-dungs-Mönch er als Firmenname übernahm. Spezial-Aufträge in besonderen Gravuren für den Handel, sind Schwerpunkte der Fertigung.

BRUNO HACKEL GLASFABRIKATION
Röhrnbach, Bahnhofstraße 3
Werkstätten für Glasschliff, Glasgravur und Glasmalerei, Verarbeitung von Bleikristall und Überfangglas. Eigener Ladenverkauf mit Niederlassung in Freyung. (25 Beschäftigte)

Die Firmengründung erfolgte 1910 in Schaiba-Haida (Nordböhmen) durch Wilhelm Hackel. Sein Sohn Bruno Hackel hat nach der am Ende des zweiten Weltkrieges erfolgten Evakuierung, 1946 in Röhrnbach einen neuen Glasveredelungsbetrieb errichtet. Einige Fachkräfte brachte er dazu aus der alten Heimat mit. 1970 wurde die Firma von Eugen Sonntag übernommen, der in Fortführung qualitativer Glasveredelung hierin vor allem einen Testbetrieb für die in seinem Werk in Xanten hergestellten Diamant-Schleifscheiben fand.

HANKE-GLASKUNST OHG
Regen, Guntherstraße 9 und Stadtplatz 16
Werkstätten für Glasschliff und Glasgravur.
Verarbeitung von Bleikristall- und Überfangglas. Lieferung an Großhandel, Fachhandel, Privat-Versand und Ladenverkauf. (11 Beschäftigte).

Am 1. Oktober 1971 übernahm Manfred Hanke den schon längere Zeit bestehenden Glasveredelungsbetrieb der Gebrüder Müller. Er hatte dort seine Ausbildung absolviert, sie in der Glasfachschule ergänzt und 1971 die Meisterprüfung im Hohlglasschleifer-Handwerk abgelegt. Bereits 1968 wurde er 1. Bundessieger im Leistungswettbewerb der Handwerksjugend. Eine gesetzlich geschützte Spezialität des Betriebes sind glasgefaßte Wanduhren.

GLASKUNST HIRTREITER KG
Frauenau, Grafenauer Straße 22
Veredelungs-Werkstätte für Glasschliff- und -Gravur. Verarbeitung von Kali-, Bleikristall-, Farb- und Überfang-Hohlglas. Privat-Versand und eigener Ladenverkauf. (4 Beschäftigte).

Die Firma wurde im Jahre 1949 vom Glasgraveur Georg Hirtreiter gegründet. Dieser erhielt seine Ausbildung von 1923 bis 1926 an der Glasfachschule Zwiesel bei Professor Bruno Mauder. Nach einem weiteren Ausbildungsjahr an der Kunstschule Köln von 1927 bis 1930 Arbeit in den „Vereinigten Werkstätten" München bei den Professoren Richard Riemerschmid und Heinrich Sattler. Anschließend vier Jahre als Graveur in Rattenberg in Tirol und ab 1934 freiberuflicher Glasschneider in München. Dort viele Sonderanfertigungen für Renommierbauten des Dritten Reiches und seiner führenden Persönlichkeiten, sowie ausländischer Herrscher-Häuser. Nach dem Kriegsverlust der Werkstätte, Aufbau des Glaskunstbetriebes im Heimatort Frauenau.

JOSKA-GLASKUNSTWERKSTÄTTEN
Bodenmais, Arberseestraße 4—8
Werkstätten für Glasschliff, Glasgravur und Kronleuchter-Fertigung.
Verarbeitung von Bleikristall-, Kali-, und Überfangglas. Montage und Dekoration von Beleuchtungskörpern mit Glasbehang. Lieferung an Groß- und Fachhandel, Privatversand und eigener Laden-Verkauf. (45 Beschäftigte).

Am 10. Juni 1960 gründete der Hohlglasfeinschleifer Josef Kagerbauer einen Glasveredelungsbetrieb; ein Jahr später schloß er ein Ladengeschäft an. Der Betrieb erweiterte sich sehr schnell und im Jahre 1970 wurde die Fertigung von Kronleuchtern und Tischlampen aufgenommen. Beim Leistungswettbewerb der Deutschen Handwerksjugend wurde 1973 der im Betrieb ausgebildete Hohlglasfeinschleifer Josef Zahlbauer 1. Bundessieger. Die stark expandierende Firma kann Mitte des Jahres 1975 in Bodenmais, Kötztinger Straße, einen Zweigbetrieb mit Demonstrations-Glashütte fertigstellen. Schwere Bleikristall-Schliffe und besondere Sportpokal-Anfertigungen sind die Produktions-Spezialität von Joska.

GLASKUNST FRANZ JUNG
Zwiesel, Fachschulstraße 31
Werkstätte für Glasschliff und Glasgravur. Verarbeitung von Kali-, Bleikristall- und Überfangglas, sowie Spiegel und Flachglas. Lieferung an Fachhandel, Privat-Versand und eigener Ladenverkauf.

Nach dreijähriger Ausbildung in der Glasfachschule Zwiesel mit Abschlußprüfung als Glasgraveur, arbeitete Franz Jung längere Jahre in verschiedenen Glasveredelungsbetrieben, bis er sich im Januar 1975 selbständig machte. Ein Jahr zuvor hatte er die Meisterprüfung abgelegt. Figurale Motive auf Überfangglas sind ein Spezialgebiet der Werkstätte.

GERHARD KRAUSPE
Glasbläserei, Zwiesel, Frauenauer Straße 8
Werkstätte für Freihand-Glasblasen vor der Lampe. Verarbeitung von Kali- und Farbglas. Lieferung an Groß- und Fachhandel, Privat-Versand und eigener Ladenverkauf. (3 Beschäftigte).

Nach Ausbildung und mehrjähriger Berufstätigkeit als Instrumenten-Glasbläser, mit Meisterprüfung 1965, hat Gerhard Krauspe im Jahre 1968 in Zwiesel eine Kunstglas-Bläserei gegründet und ihr bald ein Ladengeschäft angefügt. Vor der gasbeflammten „Lampe" werden kunstgewerbliche Glasartikel, Glastiere und Kleingefäße aller Formen geblasen.

SIEGFRIED MARSCHNER
Bodenmais, Kötztinger-Straße
Glaswarenfabrikation und Export
Werkstätte für alle Glasveredelungs-Arten. Verarbeitung von Kali-, Bleikristall- und Überfangglas, sowie Flachglas. Lieferung an Großhandel, Fachhandel, Privatversand und eigener Ladenverkauf (5 Beschäftigte)

Im Zuge der Evakuierung nach Ende des zweiten Weltkrieges kam Siegfried Marschner aus dem Glasgebiet Steinschönau-Haida (Nordböhmen) nach Bo-

denmais und gründete hier 1947 mit 12 Fachkräften den ersten Glasveredelungsbetrieb. In den Folgejahren förderte er stark die Lehrlings-Ausbildung. Trotz mancher Schwierigkeiten konnte sich die Werkstätte mit ihren Qualitätserzeugnissen immer halten, wenn sie auch dem Umfang nach etwas eingeschränkt wurde. Neben den allgemeinen Veredelungsarten werden das Siebdruckverfahren angewandt und technische Malereien ausgeführt.

GEBRÜDER NEUBERGER, GMBH,
Glasveredlung, Eging
Werkstätte für Glasschliff und Glasgravur, Verarbeitung von Bleikristallglas, Kali- und Überfangglas, Lieferung an Fachhandel, Privat-Versand, eigener Ladenverkauf. (21 Beschäftigte).

Der Glasveredelungsbetrieb wurde in Eging im Jahre 1967 von den aus dem Sudetenland stammenden Gebrüdern aufgebaut. Der Hohlglasfeinschleifer-Meister Fritz Neuberger übernahm den technischen und Hans Neuberger, den kaufmännischen Bereich des Betriebes. Das Produktions-Schwergewicht liegt von Anbeginn auf schweren böhmischen Kristall-Schliffen.

RACHEL-KRISTALL
Felix Weidensteiner, Frauenau, Pfarrhofstraße 5—7
Werkstätten für Schliff, Gravur, Malerei und Ätzung von Hohlglas, Verarbeitung von Bleikristall, Kali-, Farb- und Überfangglas.
Lieferung an Fachhandel, Privat-Versand, eigener Ladenverkauf. (11 Beschäftigte).

Im März 1958 gründete der Glasmaler-Meister Felix Weidensteiner nach jahrzehntelanger Berufstätigkeit den Handwerksbetrieb. Aus kleinen Anfängen entwickelte sich eine vielseitige Werkstätte mit großen Verkaufsräumen. Der als Hohlglasfeinschleifer ausgebildete Sohn Ernst Weidensteiner wurde im Jahre 1972 Kammersieger, Landessieger und Bundessieger im Leistungs-Wettbewerb der Handwerksjugend und im Jahre 1974 Staatspreisträger auf der Deutschen Handwerksmesse in München. In der alle Veredelungsarten von Hohlglas umfassenden Produktion, bilden Freundschaftsbecher eine besondere Spezialität.

FRANZ RANKL,
Glasveredelung, Röhrnbach
Werkstätte für Glasschliff, Verarbeitung von Bleikristall- und Überfangglas. Privatversand und eigener Ladenverkauf. (2 Beschäftigte).

Nach mehrjähriger Berufstätigkeit gründete der Hohlglasschleifer Franz Rankl im Jahre 1960 einen Glasveredelungs-Betrieb. Er hat sich dabei auf reiche Bleikristall-Schliffe konzentriert.

KRISTALL-RIMPLER KG
Zwiesel, Fachschulstraße 4—6
Kunstgewerbliche Werkstätten für Glasschliff, Gravur, Malerei und Ätzerei.
Verarbeitung von Bleikristall-, Kali-, Farb- und Überfangglas. Lieferung an Fachhandel, Privat-Versand, Ladenverkauf. (50 Beschäftigte).

Die Firma wurde 1946 in Zwiesel von Emil Rimpler gegründet, nachdem er vorher seit 1936 schon in seiner sudetendeutschen Heimat selbständig war. Im Herstellungs-Programm finden sich als Besonderheiten Kopien antiker Gläser, Böhmische Rubingläser, (Egermann) Wappengläser, Flachglasveredelungen und handgearbeitete Spiegel. Der Betrieb wurde mehrfach mit Goldmedaillen in Deutschland und Österreich, sowie dem Staatspreis der Bayerischen Staatsregierung ausgezeichnet. Als Landesinnungsmeister nimmt sich der Firmeninhaber seit Jahrzehnten mit großem Einsatz um die Standesbelange des glasveredelnden Handwerks an.

GLASKUNST SCHERER
Bodenmais, Bahnhofstraße 66
Werkstätten für Glasschliff, Glasgravur und Glasmalerei. Verarbeitung von Bleikristall, Überfang- und Farbglas. Montage und Dekoration von Beleuchtungskörpern mit Glasbehang. Privatversand und eigener Ladenverkauf (12 Beschäftigte)

Im Jahre 1955 gründete der Hohlglasfeinschleifer Mathias Scherer den Glasveredelungsbetrieb. Mit den wachsenden Absatzmöglichkeiten durch den sich lebhaft steigernden Fremdenverkehr im Bodenmaiser Raum, konnte sich die Firma mit ihren Qualitäts-Erzeugnissen gut entwickeln. Die Werkstätten wurden laufend erweitert und stattliche Verkaufs-Räumlichkeiten geschaffen. Der Glasschliff bildet das Produktions-Schwergewicht; eine Spezialität ist gläserner Modeschmuck mit individuellen Gravuren.

GLAS-KUNSTGEWERBE
Heinz Seemann, Rabenstein 88
Werkstätte für Freihand-Glasblasen vor der Lampe. Verarbeitung von Farbglas und technischen Gläsern. Lieferung an Fachhandel. (2 Beschäftigte).

Nach seiner Ausbildung als Instrumenten-Glasbläser an der Fachschule in Zwiesel, arbeitete Heinz Seemann in Coburg, München und Köln in der Herstellung von Apparate-, Leuchtröhren und Schmuckglas, bis er sich 1958 in seinem Heimatort Rabenstein selbständig machte. Dort fertigt er an der Gasflamme der Glasbläser-Lampe alle Arten von Christbaumschmuck und dekorativen Klein-Gläsern. In dieser Art war er der erste Handwerksbetrieb des Bayerischen Waldes.

SPANNBAUER GLASVEREDELUNG GMBH
Röhrnbach / Ulrichsreuth 30
Werkstätten für Glasschliff, Glasgravur und Malerei, Verarbeitung von Bleikristall, Überfang- und Farbglas. Lieferung an Groß- und Fachhandel; Privatverkauf. (15 Beschäftigte)

Nach mehrjähriger Berufserfahrung machte sich der Hohlglasfeinschleifer Ewald Spannbauer im Jahre 1973 selbständig. Mit hochwertiger Veredelung von schwerem Bleikristall, durch böhmische Schliffe, Goldränder und Lüsterungen stellte sich die Werkstätte besonders auf den internationalen Markt ein. In den Export gehen 90 Prozent der Erzeugnisse; ein Anteilssatz der von keiner anderen Firma erreicht wird.

RUDOLF WAGNER;
Glasveredelung, Zwiesel, Holzweberstraße 7
Veredelungs-Werkstätte für Glasschliff und Glasgravur. Verarbeitung sämtlicher Arten von Hohlglas, sowie Flachglas. Lieferung an Fachhandel, Privat-Versand und eigener Ladenverkauf. (6 Beschäftigte).

Der Glasgraveur Rudolf Wagner wurde 1939 Reichssieger im Berufswettkampf; legte im gleichen Jahr die Meisterprüfung ab und macht sich 1941 in seiner sudetendeutschen Heimat selbständig. Nach Kriegsende konnte er im Jahre 1948 in Zwiesel wieder eine eigene Werkstätte gründen. Er hat sich auf erlesene Gravuren aller Techniken spezialisiert; Arbeiten von ihm stehen im Museum von Görlitz, dem Corning-Museum von New York und in den Kunstsammlungen der Veste Coburg. Wagner beschickte Ausstellungen in der Bundesrepublik, Europa und Übersee. Der Sohn Wilfried ist ebenfalls Glasgraveur und wurde als solcher 1971 Bundessieger; 1973 legte er die Meisterprüfung ab.

WALDKRISTALL-GLASKUNST;
Siegfried Kapfhammer, Frauenau, Krebsbachweg 9
Verarbeitung von Bleikristall- und Überfangglas. Lieferung an Fachhandel, Privat-Versand und eigener Ladenverkauf. (2 Beschäftigte).

Nach abgelegter Meisterprüfung und mehrmaligen beruflichen Auszeichnungen machte sich der Hohlglasschleifer Siegfried Kapfhammer im Jahre 1965 in Frauenau selbständig. Im Jahre 1971 bereits konnte er die Werkstätten erweitern und ein größeres Ladengeschäft angliedern. Neben der Anfertigung sämtlicher Schliff-Techniken gehören Glasschmuck- und besondere Geschenkartikel zu den Spezialitäten des Betriebes.

ENGELBERT WANDTNER
Glasveredelung, Riedlhütte
Werkstätte für alle Veredelungsarten. Verarbeitung von Bleikristall-, Farb- und Überfang-Hohlglas. Lieferung an Fachhandel, Privat-Versand und Ladenverkauf. (5 Beschäftigte).

Am 4. Mai 1964 gründete Engelbert Wandtner in seinem Heimatort Riedlhütte den Glasveredelungsbetrieb. Zuvor war er zwölf Jahre in Ausbildung und als Hohlglasfeinschleifer mit Facharbeiterbrief, bei den Bleikristallglaswerken F. X. Nachtmann. Nach abgelegter Meisterprüfung beschritt er den Weg zum selbständigen Handwerk. Besondere Aufmerksamkeit widmet er der Technik des Flächenschliffs.

KARL WEINBERGER;
Bleikristall-Glaskunst, Bischofsmais
Veredelungs-Werkstätte für Glasschliff und Gravur. Verarbeitung von Bleikristall- und Überfangglas. Privatversand und eigener Ladenverkauf.

Nach drei Ausbildungsjahren in der Glasfachschule Zwiesel und mehrjähriger Berufspraxis, nahm Karl Weinberger im Jahre 1969 eine selbständige Handwerker-Tätigkeit auf. Im Jahr 1972 legte er die Meisterprüfung ab und eröffnete 1973 in Bischofsmais seinen Betrieb. Er verarbeitet hauptsächlich Überfanggläser aller Farben.

BLEIKRISTALL-WEINFURTNER;
Glasveredelungs-Werkstätten, Arnbruck,
Zellertalstraße 12/12
Verarbeitung aller Arten von Hohlglas und Beleuchtungsglas. Lieferung an Fachhandel, Privat-Versand und eigener Ladenverkauf. (8 Beschäftigte).

1969 gründete der Hohlglasfeinschleifer Oskar Weinfurtner den Betrieb und konnte ihn sehr schnell erweitern. Der Veredelung von Hohlglas wurde bald die Fertigung von Beleuchtungskörpern angefügt; Kronleuchter und Sportpokale sind Produktions-Schwerpunkte. Richard Weinfurtner, der Sohn des Inhabers, belegte 1974 beim Leistungswettbewerb der Deutschen Handwerksjugend den Platz des 1. Bundessiegers.

Individualisten und Studios

Neben den Glas-Handwerksbetrieben gibt es im traditionellen Glasgebiet des Bayerischen Waldes auch noch eine Reihe von glasgestaltenden und veredelnden Individualisten. Sie sind in Betrieben oder als Heimarbeiter tätig; vielleicht auch schon aus dem Erwerbszwang ausgeschieden; jedenfalls aber über materielle Gewinnabsichten hinaus, Glasgestalter aus Neigung zum Material. Einige davon unterhalten nicht nur den „Schleifbock im Keller", sondern regelrechte Glas-Studios. Als hervorragende Vertreter lassen sich dabei herausstellen:

Der Glasmacher JOSEF LEMBERGER aus Frauenau. Einer alten Glasmacherfamilie entstammend hat er in vielen Hütten Westdeutschlands, Österreichs und Schwedens gearbeitet, ehe er als Hüttenmeister wieder in seine Heimat zurückkam um hier neben der Tagesarbeit, Glas über Zweckformen zu Plastiken hinzuführen. LEO BÜTTNER, ein Glasmalermeister aus Spiegelau, widmet sich nach vielseitiger Ausbildungs- und Berufslaufbahn mit besonderem Einfühlungsvermögen den Emaill-Techniken der Barockzeit. Als ausgebildeter Instrumenten-Glasbläser formt THEODOR SELLNER in Regenhütte vor der Lampe mit großem Geschick Hohlgläser mit grazilen An- und Auflegearbeiten. Die vollendetsten und in ihrer Exaktheit der Ausführung nicht zu übertreffenden, altböhmischen Schlifftechniken schuf der Glasschleifermeister FRANZ GÖRNER, der aus Ober-Prechkau im Kreis Tetschen kommend, selbständig in Frauenau, Zwiesel und Kirchdorf arbeitete, bis er sich 1974 in Riedlhütte zur Ruhe setzte. Von 1935 bis 1965 arbeitete der aus Klingenbrunn stammende Glasgraveurmeister ALOIS SCHMID in der Gistlhütte von Frauenau, ehe er sich als Schwerkriegsbeschädigter Spiegelau zum Pensionssitz wählte; im Berufs- wie im Rentenalter ausgezeichnete Gravuren, insbesondere Portraitschnitte anfertigend.

In Dösingried arbeitet der akademische Bildhauer CHRISTIAN KLEPSCH als freiberuflicher Künstler in allen Techniken der Glasveredelung. Er verwendet dabei die vielseitigsten Dekor-Elemente. Alle Stilrichtungen der Glasmalerei werden von FRANZ GEIER in Frauenau gepflegt, der nach vielen Berufsjahren in verschiedenen Betrieben und Werkstätten auch die Hinterglasmalerei wiederbelebte. Von seiner großartigen Sammlung alter Bayerwald-Gläser nicht unbeeinflußt, sind die Arbeiten des Hohlglasfeinschleifers JOSEF FUCHS in Zwiesel-Rosenau.

Ein ausgeprägtes Glasstudio betreibt HEINZ FRISCH in Theresienthal, der dort eine Glasmalerlehre absolvierte, die Glasfachschule Zwiesel und die Münchener Kunstakademie besuchte und nach vielseitigen Kontakten seine hauptberufliche Arbeit im Industrie-Design mit individuellem kunstgewerblichen Schaffen verbindet.

Alle diese Glas-Individualisten und mehr oder minder privaten Glas-Studios, treten immer wieder in Ausstellungen hervor; geben manche Impulse und durchsetzen das traditionelle Glasgewerbe des Bayerischen Waldes mit reizvollen Lichtern.

Freie Glasdekoration (Heinz Frisch)

GLAS UND URSPRUNG (Erwin Eisch)

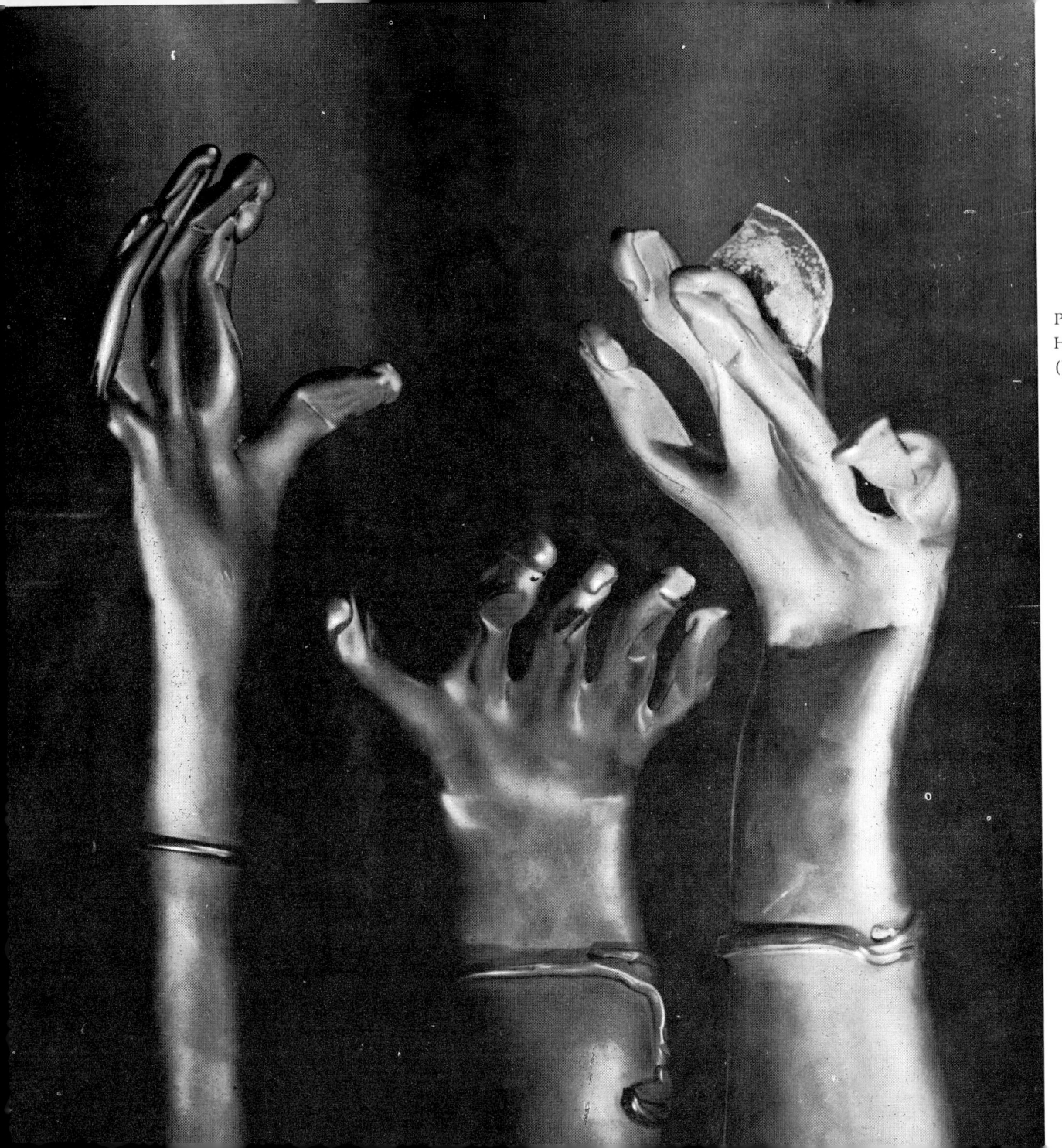

Paranoide
Hände
(E. Eisch)

Imaginäre
Quarzlandschaft
(E. Eisch)

Neue Glaskunst-Bewegung

Glas aus dem Bayerischen Wald kann sich heute auf eine bewährte Tradition, einen hohen technischen Leistungsstand und starke gestalterische Kräfte berufen. Alles zusammen bietet sowohl der industriellen Erzeugung, wie der handwerklichen Fertigung ein gutes Fundament, das auch in der internationalen Glasproduktion bestehen kann. Natürlich bedarf es ständiger Anpassung und laufenden Bemühens um mit dem Zeitgeschmack und den wirtschaftlichen Notwendigkeiten Schritt halten zu können. Allein jedoch genügt das nicht. Gute Glastechnik und exaktes Design bilden sicher solide Voraussetzungen für anerkannte Produkte; darüber hinaus aber sind Impulse und Anregungen aus dem künstlerischen Bereich von größter Wichtigkeit.

Die internationale Glaskunst der Neuzeit manifestiert sich in einer hochinteressanten Bewegung. Sie kommt aus Amerika, wo in den Sechziger Jahren die Glasmacherei in Kunstschulen und Universitäten Einzug genommen hat. Mittlerweile sind fast an hundert Stellen der Welt, kleine, pädagogisch ausgerichtete Kunst-Studios für Glasgestaltung entstanden.

Begründer dieser neuen Glaskunst-Bewegung war der Amerikaner *Harvey Littleton*. Er übernahm im Jahre 1962 eine Professur an der Universität von Wisconsin in Madison und richtete dort mit kleinen Schmelzöfen den ersten künstlerischen Glasmacher-Lehrgang ein. Von Anbeginn suchte er dabei internationale Kontakte; er fand die ersten im Bayerischen Wald bei *Erwin Eisch in Frauenau*. Die Bewegung breitete sich schnell auf bedeutende Glasgestalter aus: *Stanislav Libensky und René Roubicek* aus der CSSR. *Willem Heesen und Sybren Valkema* aus Holland. *Jamie Carpenter, Dale Chihuly, Marvin Lipofsky, Bob Fritz, Joel Philip Myers* in USA. *Fulvio Bianconi, Gian Paolo Martinuzzi* und *Gianni Toso* aus Italien. *Erik Höglund* aus Eriksmala in

Schweden, *Samuel Herman*, London; *Raoul Goldoni*, Zagreb und *Roberto Niederer*, Zürich. Sie und ihre zahlreichen Schüler drängten zu einem „Wendepunkt der Glasgestaltung".

Eine entscheidende Rolle spielte dabei ERWIN EISCH AUS FRAUENAU. Ihm gelang es, dieser weltweiten Glasbewegung wichtige Anstöße aus dem Bayerischen Wald zu geben. Er hatte gerade in Stuttgart seine erste Glasausstellung beendet, als im August 1962 der Amerikaner Harvey Littleton zu ihm nach Frauenau kam. Eine wertvolle und fruchtbare Zusammenarbeit begann. 1964 referierte Erwin Eisch auf einem internationalen Glasseminar der Columbia-Universität von New York und führte anschließend zusammen mit Harvey Littleton an der Universität von Wisconsin in Madison einen Sommerkurs für Glasgestaltung durch. Die Verbindungen rissen nicht ab. Mehrfach wurde in den Folgejahren Erwin Eisch als Lehrgangsleiter an amerikanische Kunstschulen geholt und aus aller Welt kommen bis heute Glasmacher in sein Studio nach Frauenau. Das „funktionslose Glas" ist Inhalt der neuen Richtung; nicht aus den Grundformen des Hohlglases, sondern aus skulpturellem Ansatz werden die „Objekte" entwickelt.

Vasen (1975) von Erwin Eisch

Erwin Eisch

einer Bahre liegende, verspiegelte Glasfigur: „Narziß, ein Interieur". In dem Buch „Psychopathologie musischer Gestaltungen", schrieb hierzu der Facharzt für Psychiatrie, *Ottokar Graf Wittgenstein:* „Nach Einsicht in das Werk von *Erwin Eisch* erscheint mir Narziß als der Repräsentant der Todes- und Tötungswünsche des Menschen, das heißt eines Menschen, der nicht lieben und leben kann. Eine eifersüchtige Hera überschattet im Mythos sein Leben. Narziß und Narzißmus erhalten durch *Eisch* eine tiefere Bedeutung. Das Werk aus Spiegelglas wird zu der „Struktur" des Narziß ebenso gezählt werden müssen wie — nach *Lévi-Strauss* — die Darstellung des Ödipus durch *Freud* zur Struktur des Ödipus gehört".

Neben „funktionslosem Glas" gestaltet Erwin Eisch auch ausgezeichnete Hohlgläser. Manche davon lassen in Form und Dekor sichtbare Verbindungen zu Glasschöpfungen des Jugendstils erkennen; viele weisen einen neuen Weg für das Zier- und Gebrauchsglas. Würdigung des Einzelstückes, Aufwertung der Glasmacherei im Gesamten und Entfaltung kreativen Schaffens am Glasofen, sieht Erwin Eisch als notwendige Voraussetzung für das Weiterbestehen der Mundblashütten. Er akzeptiert das notwendige Rentabilitätsdenken der Fabriken; meint aber darüber hinaus: „Was die Hütten in erster Linie brauchen sind schöpferische Impulse und neue Ideen"!

Die neue Kunstglas-Bewegung, wie sie Erwin Eisch und seine internationalen Kollegen propagieren, mag ab und zu das gegenwärtig faßbare Glasverständnis überschreiten. Ihre Tendenz aber wird die Glasgestaltung der Zukunft nachhaltig bestimmen. Wenn „Glas aus dem Bayerischen Wald" diese Richtung maßgeblich mit zu beeinflussen vermag, wird es seiner Tradition eine erfolgreiche Zukunft voranstellen.

Erwin Eisch wurde am 18. April 1927 in Frauenau geboren. Zusammen mit seinen Eltern und den beiden Brüdern schuf er den Aufbau der „Glashütte Valentin Eisch", die 1952 den Ofenbetrieb aufnahm. Nach praktischen Lehrjahren als Glasgraveur und dem Besuch der Glasfachschule Zwiesel, studierte er zwölf Semester Innenarchitektur und Bildhauerei an der Kunstakademie München bei den Professoren Josef Hillerbrand und Heinrich Kirchner. Zur Glasmacherei kam er über die Formgestaltung für die familieneigene Hütte; dabei formulierte er als künstlerische Absicht: „Mit meinen Objekten möchte ich vordergründigen Gebrauch und gewohnte Funktionen provozieren. Auf einer neuen Ebene muß sich dann eine primär ästhetische Funktion einstellen. Der Spannungsbereich zwischen Dingwirklichkeit und Kunstwirklichkeit interessiert mich da besonders".

Aus dieser Sicht bringt Erwin Eisch auch immer wieder für das konventionelle Glas-Verständnis schockierende Produkte. So gestaltete er die auf verschiedenen Ausstellungen gezeigte, lebensgroß auf

Das Glasmuseum in Frauenau

GLASMUSEUM FRAUENAU

Mit dem Erscheinen dieses Buches wird am 6. Mai 1975 das Glasmuseum Frauenau endgültig in seiner Gesamtheit der Öffentlichkeit übergeben. Der Autor hat als Bürgermeister von Frauenau am 7. Januar 1970 zusammen mit einer kleinen Gruppe interessierter Leute, erstmals die Grund-Konzeption dieses Unternehmens präzisiert. Nach fünf Jahren mühevoller Verhandlungen, Überlegungen, Änderungen und schwierigster Herstellungs-Arbeiten ist das komplizierte Werk entstanden; ein weiter Weg der mit vielerlei Hilfe und Unterstützung zurückgelegt werden mußte.

Haupt-Beweggrund des Unterfangens war es, dem „Glas aus dem Bayerischen Wald" ein museales Zentrum zu geben. Nicht mit vorrangig ehrwürdiger Konservierung und unbeweglichem Hochhalten von verstaubten Traditionen, sondern als zukunftsorientierte Einrichtung die dem wichtigsten Gewerbezweig des Waldlandes Anerkennung und Impulse gleichermaßen bringen soll: Ort und Gemeinde Frauenau haben sich als alter Glashüttenstandort dem Museum mit guten Gründen angeboten; zumal es damit auch in die Mitte des Bayerwald-Glashüttenwinkels kam. Eine weite Parkanlage um den alten Brunnen der Glasfabrik Gistl und ein Mauer-Labyrinth mit verspiegelten, wasserüberspülten Glaskugeln, bilden den gefälligen Rahmen.

Das Glasmuseum wurde unter Verwendung alter Gebäudeteile eines früheren Sägewerkes errichtet. Die Maschinenhalle davon dient mit eingezogener Galerie der Ausstellung historischer Gläser. Dieser Teil wurde auch schon im August 1974, anläßlich der 650-Jahr-Feier des Ortes Frauenau, zur vorläufigen Besichtigung freigegeben. Neben der Präsentation alten Glases, werden in einem Teil der zwanzig Vitrinen in wechselnden Sonderausstellungen Spezialgebiete und Sammlungen aus dem in- und ausländischen Glasbereich gezeigt.

Bayerwald-Glasforum

In der großen Ausstellungshalle, deren schweres Dachgebälk an eine alte Waldglashütte erinnert, sind Glasgeschichte, Glastechnologie und gegenwärtiger Stand des Bayerwald-Glasgewerbes durch Exponate und bildlichen Informationen sinnvoll miteinander verbunden. Die Ursprünge der Glasherstellung und antike Gläser setzen den Anfang; Standortvoraussetzungen des Bayerwald-Glases folgen in Quarz und Holz mit Kiespocher und Pottasche-Gewinnung. Ausgiebige Rohstoff-Informationen für die Glasschmelze; die alte Art der Hafen-Herstellung und das Entstehen der Holzformen in der Drechslerei sind den Werdegängen der einzelnen Glasmacher-Techniken vorgeschaltet.

Einen Schwerpunkt bildet das naturgetreue Modell eines mittelalterlichen Glasofens. Er wurde nach Unterlagen aus der alten Glas-Literatur erstellt. Das bienenkorbförmige Mauerwerk ist ausschnittweise geöffnet, so daß die Drittelung in Heizungs-, Schmelz- und Kühlbereich sichtbar wird. An die demonstrierte Glasmacherei schließen sich die Veredelungs-Bereiche Schliff, Gravur und Malerei. Ihre Werkstätten-Einrichtungen sind mit einzelner Stufen-Darstellung technischer Arbeits-Abläufe ergänzt.

Im Mittelbereich der Halle werden historische Produkte, Gerätschaften und Dokumente der Glasmacherei in ihren vielfältigen Verflechtungen gezeigt. Daran schließt sich die umfangreiche Präsentation des Bayerwaldglases der Gegenwart, das in seinen Spitzenerzeugnissen eine geschlossene Überschau gibt. Mit dieser laufend zu ergänzenden Sammlung wird das Museum lückenlos die neuere Glaskunst bei exakten Bestimmungskriterien erfassen. Die Glasindustrie ist in einem, auf Glashäfen gesetzten Vitrinen-Rondell, die Glashandwerksbetriebe in Vitrinen-Gruppen dargestellt. Für die Exponate der internationalen neuen Glaskunst-Bewegung, steht ein gesonderter Darstellungs-Bereich zur Verfügung. Er ist Dokumentation und Experimentierfeld zugleich. Eine Sonderabteilung auf der Galerie demonstriert die vielseitige Verwendbarkeit des Werkstoffes Glas. Mit großer Anschaulichkeit wird darin die neuzeitliche Glastechnologie vorgeführt.

Informationsstudio, Fachbibliothek, Werkstätten

Das Glasmuseum Frauenau will seinen Besuchern vor allem die Möglichkeit aktiver Informations-Aufnahme bieten. Ein Vortrags-Studio mit 63 Sitzplätzen dient hierbei der Film- und Lichtbild-Projektion und als Diskussionsforum. Einschlägige Fachliteratur über Glas wird in der Spezialbibliothek zur Benützung angeboten und ein anwachsendes Archiv sammelt Unterlagen aus allen Glas-Bereichen. Zur praktischen Kontakt-Aufnahme mit dem Medium Glas werden Unterweisungen und Kurzlehrgänge in Werkstätten abgehalten. Insgesamt versteht sich das Glasmuseum Frauenau als eine umfassende und zentrale Informationsquelle für Glas; ein Anliegen, das selbstverständlich der laufenden Fortentwicklung bedarf.

ZUM AUSKLANG

Glasindustrie und glasveredelndes Handwerk sind wichtige Wirtschaftsfaktoren im ostbayerischen Grenzland. Ihr Fortbestand stellt für viele Orte und deren Bewohner eine Existenzfrage dar. Der Bayerische Wald braucht sein Glasgewerbe, dessen ursprüngliche Voraussetzungen zur Seßhaftmachung längst verloren gingen. Das örtliche Festhalten ist nur noch in einem traditionellem Facharbeiter-Stamm begründet. Zur Wahrung gleichwertiger Konkurrenz-Bedingungen bleibt es für das Glasgewerbe Ostbayerns unerläßlich, die allgemeine, infrastrukturelle Ausstattung des Gesamtgebietes nachhaltig zu verbessern. Die Entlegenheit von Rohstoff- und Absatzmärkten, muß mit einer besseren Verkehrsanbindung wenigstens abgemildert werden.

Glas erlebt derzeit aber auch eine entscheidende Phase der technologischen Veränderung. Von der traditionellen Mundblaserzeugung und Handferti-

gung führt ein sich ständig beschleunigender Weg
in die vollautomatische Produktion. Er läßt sich aus
wirtschaftlichen Gründen nicht aufhalten; die Konsumgesellschaft braucht die rationellsten Fertigungs-
Verfahren. Gut ist es, daß hier der Bayerische Wald
in der Glasindustrie wiederum eine bedeutende Stellung einzunehmen vermag. Die Frage des Überle-
bens stellt sich damit freilich für die traditionellen
Mundblas-Glashütten. Stirbt der Glasmacher aus
und gibt es allenfalls noch den Glaswerker oder nur
den Hilfsarbeiter in der Glasindustrie?

Unvermindertes Kulturbewußtsein und wachsende
Qualitäts-Ansprüche werden der handwerklichen
Glasfertigung ihre Chancen lassen. Vorausschauende
Glashütten behalten den Anschluß, wenn sie sich mit
ihren Erzeugnissen auf interessante Marktlücken
einstellen. Eine zahlenmäßig sich verringernde Schar
von Glasmachern muß dabei den Weg in kunstgewerbliche Bereiche beschreiten; die Nachwuchsbil-
dung wird sich darauf einzustellen haben. Nur auf
diese Weise bleibt die Glasmacherei des Bayerischen
Waldes auch zukünftig ein „Mundwerk mit golde-
nem Boden".

Es war die Absicht dieses Buches, das Glasgewerbe
des Bayerischen Waldes, realistisch, gegenwartsnah
und sachbezogen darzustellen. Seine Tradition und
Leistungen haben eine derartige Zusammenschau
längst verdient. Gute Einzelveröffentlichungen gab
es schon mehrfach und dankbar stützte sich der Autor auf verschiedene Arbeiten; manches schien ihm
indes zum Thema bislang zu sehr fabuliert. Der
Bayerische Wald war nicht die „Wiege des deutschen Glases" und auch nicht dessen „Heimat". Seine
Glas-Vergangenheit aber und insbesonders seine Gegenwart, rechtfertigen ein starkes Selbstbewußtsein.
Mit bleibender Tatkraft und gewissenhafter Arbeits-
erfüllung wird *Glas aus dem Bayerischen Wald*
auch eine gute Zukunft haben.

„Hafen-Eintragen" in den Schmelzofen: ständiges
Erneuern der jahrhundertealten Bayerwald-Glastradition

Literatur:

Dr. von Rudhart: Die Industrie in dem Unter-Donaukreise des Königreiches Bayern. Passau 1835.

Lobmeyr L.-Ilg A.-Boeheim W.: Die Glasindustrie, ihre Geschichte, Entwicklung und Statistik. Stuttgart 1874.

Vopelius Eduard: Entwicklungsgeschichte der Glasindustrie Bayerns. Stuttgart 1895.

Dirscherl Josef Franz: Das ostbayerische Grenzgebirge als Standraum der Glasindustrie. Würzburg 1938.

Blau Josef: Die Glasmacher im Böhmer- und Bayerwald in Volkskunde und Kulturgeschichte. Band I und Band II, Kallmünz 1954/1956.

Wiegel Johannes Maria: Der Lamer Winkel im Bayerischen Wald. Erlangen 1964.

Praxl Paul: Der Landkreis Wolfstein — Die Geschichte. Freyung 1968.

Seyfert Ingeborg / Josef Schmidt: Landkreisbuch Grafenau. — Die Glashüttenbesitzungen. — Geschichte der Glashütten. Grafenau 1972.

Eder Roman / Hannes Alfons: Frauenau — Chronik und Lebensbild eines Bayerwaldortes. Frauenau 1974.

Springer Ludwig / Mauder Bruno: Lehrbuch der Glastechnik. Band I und Band II. Dresden 1949.

Schnauck Wilhelm: Glaslexikon. München 1959.

Maloney Terence: Glas. Stuttgart 1970.

Vavra J. R.: Das Glas und die Jahrtausende. Prag 1954.

Weiß Gustav: Ullstein Gläserbuch. Berlin—Frankfurt—Wien 1966.